基礎電子回路
― 回路図を読みとく ―

上村喜一
［著］

朝倉書店

ま え が き

　本書では，トランジスタなどを含む回路図をみたときに回路図を読み取れること，すなわち，直感的に回路の働きの概要を理解できることを目的としています．下図は，最も基本的な CR 結合 2 段増幅回路の例を示したものです．図 (a) は回路図と呼ばれ回路構成を表し，図 (b) は等価回路と呼ばれ図 (a) の回路の特性を等価的な電子回路で表現した回路です．本書の目的は図の (a) から (b) のような回路図を導き，その特性を理解することです．

　最近，回路解析にはシミュレータが日常的に用いられていますが，これを有効に使うにはシミュレーションの結果が妥当であるか否かを判断できる能力を養う必要があります．図 (a) をみて直ちに図 (b) が思い浮かばなければ，シミュレーション結果の妥当性は判断できません．

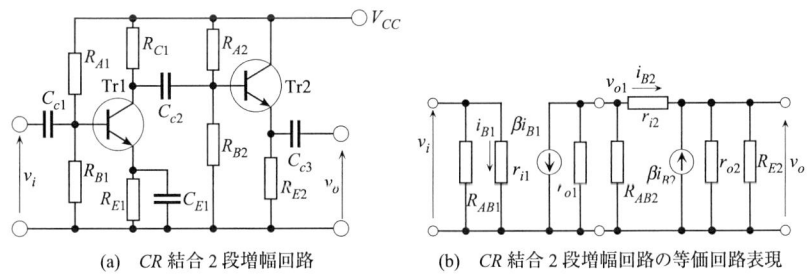

(a) CR 結合 2 段増幅回路　　　(b) CR 結合 2 段増幅回路の等価回路表現

　本書を用いて初めて電子回路を学習する場合，第 3 章と第 9 章の 2 端子対（4 端子）定数を用いた解析，9.4 節の発振回路，10.1 節の差動増幅回路（演算増幅器の中身），付録の電力増幅回路に関する部分は省いて読み進み，ある程度理解してから再度読解することを推奨します．

　終わりに，本書の出版に際して度重なる挫折の危惧にもかかわらず，暖かく見守りかつお世話頂いた朝倉書店編集部に感謝いたします．

2012 年 9 月

著 者 記 す

目　　次

1. 回路解析の基礎と手法 ······································· 1
    1.1 電流源と電圧源 ······································· 1
        1.1.1 理想電源と実際の電源 ························· 1
        1.1.2 電圧源と電流源の関係 ························· 2
        1.1.3 独立電源と制御電源 ··························· 4
    1.2 キルヒホッフの電流則による回路方程式（節点法）····· 5
    1.3 回路解析のための定理・方法 ························· 9
        1.3.1 テブナンの定理 ······························· 9
        1.3.2 重ね合わせの定理 ····························· 10

2. 直流と交流を同時に含む回路の解析 ······················· 14
    2.1 瞬時値と複素電圧・複素電流の関係 ··················· 14
        2.1.1 正弦波電流・電圧の表現方法 ··················· 14
        2.1.2 複素電圧・複素電流による交流解析 ············· 16
    2.2 直流と交流が同時に存在する回路 ····················· 18

3. 2端子対（4端子）回路と増幅回路の一般論 ················· 22
    3.1 2端子対（4端子）パラメータの考え方 ················· 22
        3.1.1 インピーダンスパラメータ（zパラメータ）····· 22
        3.1.2 アドミタンスパラメータ（yパラメータ）······· 24
        3.1.3 hパラメータとgパラメータ ················· 25
    3.2 各パラメータの等価回路表現 ························· 26
    3.3 yパラメータを用いた増幅回路の一般論 ·············· 27
        3.3.1 yパラメータによる増幅回路の特性表現 ········ 27
        3.3.2 電圧増幅率・電流増幅率 ······················· 28
        3.3.3 入力インピーダンス，出力インピーダンス ······· 29

3.3.4　増幅回路の一般的な特性表現 …………………………………… 31

4. 半導体素子の特性と小信号等価回路 …………………………………… 34
4.1　ダイオードの電流電圧特性 …………………………………………… 34
4.2　バイポーラ（pn 接合）トランジスタの原理と等価回路 ………… 35
4.2.1　トランジスタの基本構造 ……………………………………… 35
4.2.2　ベース接地静特性 ……………………………………………… 36
4.2.3　エミッタ接地静特性 …………………………………………… 38
4.3　バイポーラトランジスタの T 形等価回路 ………………………… 40
4.3.1　ベース接地 T 形等価回路 …………………………………… 40
4.3.2　エミッタ接地 T 形等価回路 ………………………………… 41
4.4　その他の等価回路 ……………………………………………………… 42
4.4.1　h パラメータ ………………………………………………… 42
4.4.2　簡易等価回路 …………………………………………………… 44
4.4.3　高周波等価回路 ………………………………………………… 45
4.5　FET とその等価回路 ………………………………………………… 47
4.5.1　FET の動作原理と静特性 …………………………………… 47
4.5.2　FET の等価回路 ……………………………………………… 48

5. バイアス回路の設計（直流バイアスの計算方法） …………………… 51
5.1　動作点とバイアス回路 ………………………………………………… 51
5.1.1　直流成分の取出し ……………………………………………… 51
5.1.2　小信号増幅回路における動作点とバイアス ……………… 52
5.2　トランジスタ小信号増幅回路におけるバイアス抵抗の決定 …… 53
5.2.1　電流帰還自己バイアス回路 …………………………………… 54
5.2.2　小信号増幅回路におけるバイアス抵抗の決め方 ………… 54
5.3　小信号増幅における FET のバイアス回路 ………………………… 56
5.4　大振幅動作におけるバイアス点の考え方 …………………………… 58

6. 基本増幅回路の特性 ………………………………………………………… 62
6.1　増幅回路の解析方法 …………………………………………………… 62

 6.2 エミッタ接地基本増幅回路 ………………………………… 62
  6.2.1 信号成分に対する回路の抽出 ……………………… 63
  6.2.2 簡易等価回路を用いたエミッタ接地増幅回路の解析 ………… 64
  6.2.3 実際の波形 ……………………………………… 69
 6.3 コレクタ接地基本増幅回路 ……………………………… 71
  6.3.1 信号成分に対する回路の抽出 ……………………… 71
  6.3.2 簡易等価回路を用いたコレクタ接地増幅回路の解析 ………… 74
 6.4 ベース接地基本増幅回路 ………………………………… 78
  6.4.1 信号成分に対する回路の抽出 ……………………… 78
  6.4.2 簡易等価回路を用いたベース接地増幅回路の解析 ………… 81

7. 基本増幅回路の周波数特性 ……………………………… 87
 7.1 利得の対数表現 ……………………………………… 87
 7.2 高周波数領域におけるトランジスタの等価回路 ……………… 88
  7.2.1 トランジスタの物性的周波数限界 …………………… 88
  7.2.2 トランジスタの高周波等価回路 ……………………… 88
  7.2.3 簡易高周波等価回路による高周波特性の考え方 …………… 89
 7.3 基本増幅回路の高周波特性 ……………………………… 90
  7.3.1 高周波数領域の利得と入出力インピーダンス …………… 90
  7.3.2 高周波数領域の周波数特性 ………………………… 95
 7.4 基本増幅回路の低周波数限界 …………………………… 96
  7.4.1 結合キャパシタによる低周波増幅率の低下 ………………… 96
  7.4.2 エミッタバイパスキャパシタの影響 ………………… 100
 7.5 帯域幅 ……………………………………………… 103
  7.5.1 遮断周波数と帯域幅 ……………………………… 104
  7.5.2 結合キャパシタ，エミッタバイパスキャパシタの決め方 …… 105

8. 結合回路と多段増幅回路 ………………………………… 108
 8.1 テブナンの定理による増幅回路の標準化 ……………… 108
  8.1.1 増幅回路と結合回路の分離 ………………………… 109
 8.2 結合回路の役割 ……………………………………… 110

8.2.1　結合回路による直流の遮断 ････････････････････････････････ 111
　8.2.2　伝達される電力の最大値（インピーダンス整合条件）･･･････ 112
　8.2.3　結合回路によるインピーダンス整合 ････････････････････････ 113
8.3　結合回路の具体例 ･･･ 114
　8.3.1　直 接 結 合 ･･･ 114
　8.3.2　CR 結合増幅回路 ･･ 115
　8.3.3　トランス結合増幅回路 ･･････････････････････････････････････ 116
　8.3.4　単同調増幅回路 ･･ 118
　8.3.5　LC 直並列回路 ･･ 121

9. 帰還増幅と発振回路 ･･･ 125
9.1　帰還増幅の基本構成 ･･･ 125
9.2　負帰還の効果 ･･･ 126
9.3　実際の負帰還増幅回路 ･･･ 127
　9.3.1　並列帰還（電圧帰還）回路 ･･････････････････････････････････ 127
　9.3.2　並列帰還（電圧帰還）回路の実例 ････････････････････････････ 130
　9.3.3　直列帰還（電流帰還）回路 ･･････････････････････････････････ 134
　9.3.4　直列帰還（電流帰還）回路の実例 ････････････････････････････ 135
9.4　発振回路（正帰還の応用） ･･････････････････････････････････････ 140
　9.4.1　発振回路の基本原理 ･･ 140
　9.4.2　発振回路の例 ･･ 141

10. 差動増幅器とその応用回路 ･･･ 147
10.1　差動増幅器 ･･･ 147
　10.1.1　差動増幅回路の基本構成 ･･････････････････････････････････ 147
　10.1.2　同相信号除去比 $CMRR$ を大きくする方法 ･･････････････････ 150
　10.1.3　差動信号の単出力回路 ････････････････････････････････････ 152
10.2　演算増幅器の基本動作 ･･ 153
　10.2.1　差動増幅器の特性 ･･ 154
　10.2.2　演算増幅器を用いた増幅回路の基本動作 ････････････････････ 155
10.3　演算増幅器の応用 ･･ 157

	10.3.1	反転・非反転増幅回路	157
	10.3.2	演算増幅器を用いた各種応用回路	158
10.4	コンパレータ		161
	10.4.1	コンパレータの原理	161
	10.4.2	コンパレータの応用	162

付録 A：回転するベクトルという考え方 … 165

A.1 原点を中心に回転する複素数と三角関数の関係 … 165
A.2 回転する複素数を用いた交流解析 … 166

付録 B：電力回路とエネルギー変換効率 … 168

B.1 増幅回路のエネルギー変換効率 … 168
B.2 A級増幅回路とそのエネルギー変換効率 … 169
   B.2.1 コレクタ抵抗を負荷とするA級増幅回路の効率 … 169
   B.2.2 CR結合A級増幅回路の効率 … 170
B.3 トランス結合B級増幅回路の効率 … 172
B.4 高周波電力増幅回路の効率 … 174

演習問題略解 … 176

索　引 … 199

1. 回路解析の基礎と手法

1.1 電流源と電圧源

　電子回路は入力信号を様々に加工して出力側に伝えることが基本であるが，これらを考える場合に，信号が発生する部分を電源として取り扱うと便利である．電源には，乾電池に象徴されるような，回路の状態とは無関係に常に一定の電圧を供給するものが考えられる．これを電圧源という．この他に，決まった電流を供給する電流源がある．

　回路の状態と関係なく，常に決まった値の電流または電圧を供給する電源を独立電源という．これに対して，トランジスタではコレクタ電流はベース電流で決められ，ベース電流のほぼ100倍程度の電流がコレクタに流れる．こうした状況を表現するには，入力に応じて変化する電源を考えることが有効である．このように，回路上のある部分の電圧または電流値によって値が決まるような電源を制御電源という．

1.1.1　理想電源と実際の電源

　電圧源は，回路の状況に無関係に常に決められた電圧を発生させる仮想的な回路要素である．現実の回路要素で電圧源に相当するものとしては乾電池が考えられる．しかしながら，乾電池両端の電圧は常に一定ではなく，大きな電流を流すと電圧が下がってしまう．これは，電池の内部抵抗のためであり，電流が流れることで内部抵抗による電圧降下分だけ出力電圧が低下する．

　このように，現実の電源では内部抵抗の効果を考慮しなければならない．言い換えると，実際の電源は，理想的な電源と内部抵抗の組合せで表すことができることになる．図1.1はこの様子を表したものである．

　理想的な電圧源両端には，流れる電流に関係なく常に所定の電圧が現れる．こ

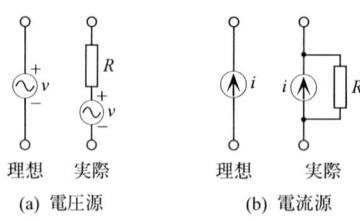

図 1.1　理想電源と実際の電源

のような特性の電圧源を理想電圧源という．すなわち，理想電圧源は内部抵抗が 0 の電圧源と考えることができる．現実の電圧源を取り扱うには，理想電圧源とそれに直列に内部抵抗を接続したもので置き換えることができる．電圧の極性を考慮する必要がある場合には，基準となる極性を $+-$ の記号で表す[*1)]．

理想的な電流源からは，両端の電圧に関係なく常に所定の電流が流れ出る．このような電流源を理想電流源という．すなわち，理想電流源は内部抵抗が無限大の電流源と考えることができる．理想電流源は，電流の流れる方向を表す矢印を○で囲んだ記号で表現する．現実の電流源は，理想電流源とそれに並列に内部抵抗を接続したもので置き換えることができる．

1.1.2　電圧源と電流源の関係

実際の電源は，理想電源と内部抵抗の組合せで表され，必要に応じて電流源として扱うことも，電圧源として扱うこともどちらも可能である．

実際の電圧源は，図 **1.2**(a) のように理想電圧源と内部抵抗の直列接続で表される．理想電圧源の電圧値を v，内部直列抵抗を R_o とする．これに，負荷 R_L を接続したとき，流れる電流 i_L と負荷両端の電圧 v_L は，

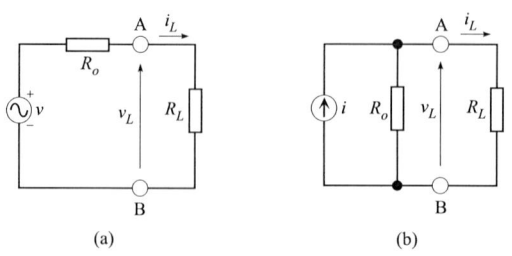

図 1.2　電圧源と電流源

[*1)]　直流電圧源に対しては電池の記号で代用する場合もある．

$$v_L = \frac{R_L}{R_o + R_L} v \quad (1.1)$$

$$i_L = \frac{v}{R_o + R_L} \quad (1.2)$$

となる．

電流源について同様な場合を考える．図 1.2(b) のように理想電流源の電流値を i，内部並列抵抗を R_o とすれば，これに負荷 R_L を接続したときの負荷の電流 i_L と電圧 v_L は，

$$i_L = \frac{R_o}{R_o + R_L} i \quad (1.3)$$

$$v_L = \frac{R_o R_L}{R_o + R_L} i \quad (1.4)$$

である．

これらの式を比較すると，

$$v = R_o i \quad (1.5)$$

ならば，負荷に流れる電流と負荷両端の電圧は，2 つの回路でそれぞれまったく等しくなることがわかる．すなわち，電圧値 v，内部直列抵抗 R_o の電圧源は，電流値 v/R_o，内部並列抵抗 R_o の電流源と等価であり，電流値 i，内部並列抵抗 R_o の電流源は，電圧値 $R_o i$，内部直列抵抗 R_o の電流源と等価である．

電圧源と電流源は相互に等価変換できるが，回路解析の手法として安易に用いてはならない．電圧源と電流源を相互に変換すると見かけ上回路が簡単になり，計算が容易となるようにみえる場合があるが，これは「負荷側からみて等価」というだけであり，回路そのものが等しいことにはならない．正しく解析するには，次節で述べるキルヒホッフの法則に基づいた回路方程式を用いる必要がある．

【例題 1.1】 安易に電源の変換を用いてはいけないという例を示す．図 1.3 で，抵抗 R_2 に流れる電流 i_2 を電源の変換を利用して求めてみよ．

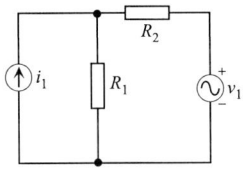

図 1.3 安易に電圧源と電流源の変換を用いてはいけない回路

【解】 図 **1.4**(a) のように考えると，電源電圧が $v_1 - R_1 i_1$ で，回路の抵抗が $R_1 + R_2$ であるから，

$$i_2 = \frac{v_1 - R_1 i_1}{R_1 + R_2} \tag{1.6}$$

となる．ところが，図 1.4(b) のように考えると，回路に流入する電流が $i_1 + v_1/R_2$ で，これを R_1 と R_2 で分流しているので，

$$i_2 = \frac{R_1}{R_1 + R_2}\left(i_1 + \frac{v_1}{R_2}\right) = \frac{R_1 i_1 + \dfrac{R_1}{R_2}v_1}{R_1 + R_2} \tag{1.7}$$

となる．式 (1.6) と式 (1.7) は一致しない．つまり，どちらかまたは両方が正しくないことになる．

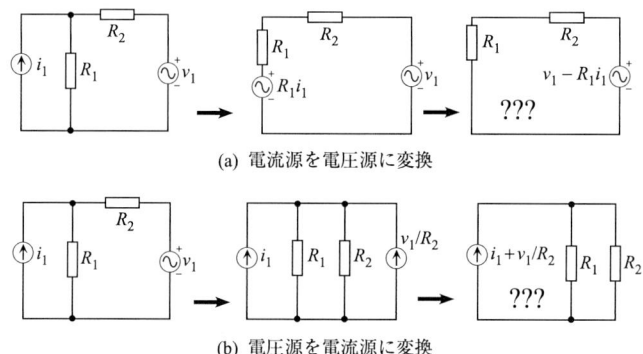

図 **1.4** 電圧源と電流源の変換を安易に用いると誤った解答となる解答例

このように，電源の変換による解析は安易に用いてはいけない．少し煩雑に思えても，キルヒホッフの法則に従って回路方程式をつくり，それを用いて解析する方法が確実である．ちなみに，この場合は式 (1.6) が正しい答である．

1.1.3 独立電源と制御電源

電圧源の電圧値や電流源の電流値がそれ自体で決まっているものを独立電源という．乾電池や一般的な電源は独立電源と考えられる．一方，電流値や電圧値が回路の他の部分の電流値や電圧値で決まる電源を考えることができる．このような電源を制御電源（または従属電源）という．

電子回路でトランジスタや電界効果トランジスタ（FET）などを取り扱う場合，入力信号を増幅して出力することに着目して，これらの素子を入力信号で制御さ

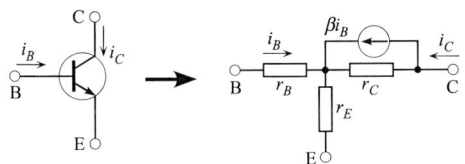

図 1.5 制御電流源の例

れる制御電源を出力側にもつ回路として考えると便利である．このように，回路素子をその働きに応じて適当な回路で置き換えたものを等価回路という．図 **1.5** は等価回路を用いてトランジスタを表現した例である．トランジスタでは，ベース電流の β 倍（通常 100 倍程度）の電流がコレクタに流れる．図 1.5 ではこのことを表現するために，コレクタ回路に βi_B という値（ベース電流の β 倍）の電流源（制御電源）を設けている．

ここでは，独立電源も制御電源も同じ記号を用いている．ただし，制御電源であることを表すために，制御電源の電流値や電圧値がどのような関数となるかを図中に記述している．

1.2 キルヒホッフの電流則による回路方程式（節点法）

キルヒホッフの法則は回路解析の基本であり，以下のように電流に着目したものと電圧について示したものの 2 つからなっている．
- 節点に流入する電流の総和は 0 である（電流則）．
- 閉ループの電圧の総和は 0 である（電圧則）．

これらをそのままの形で用いることにより，電子回路を系統的に取り扱うことができる．本書では回路の解析方法として電流則をそのまま式に表した節点法を用いる[*2]．

節点法は，独立した節点の電位を未知数とし，各節点ごとにキルヒホッフの電流則を適用することにより回路方程式をつくる方法である．節点の数，すなわち未知数と同じ数の方程式が得られるので，必要最小限の式の数となり，これを解いてすべての節点の電位を求めることができる．節点の電位がわかれば，回路に

[*2] 節点法の他に電圧則を用いる網目法（ループ法）がある．トランジスタや FET を用いた回路の解析には節点法が有利である．

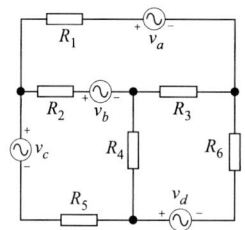 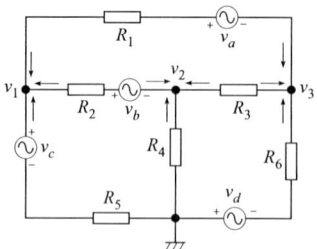

(a) 電源を多数含む複雑な回路　　(b) 任意の1点を接地電位として電位を仮定

図 1.6　キルヒホッフの第1法則（電流則）に基づいた解法（節点法）

流れる電流をすべて求めることができる．

図 1.6(a) の回路について解析する場合を考える．図 1.6(b) に示したように，最初に基準となる節点を選び電位を接地電位（0 V）とする．基準となる節点に対して独立したそれぞれの節点の電位を v_1, v_2, v_3 とする．

中央の節点（電圧が v_2 の点）に流入する電流の総和が零であることを式で表現すると，

$$[R_2 \text{ を } v_1 \text{ 点から } v_2 \text{ 点に流れる電流}]$$
$$+[R_4 \text{ を接地点から } v_2 \text{ 点に流れる電流}]$$
$$+[R_3 \text{ を } v_3 \text{ 点から } v_2 \text{ 点に流れる電流}] = $$
$$\frac{v_1 - (v_2 + v_b)}{R_2} + \frac{0 - v_2}{R_4} + \frac{v_3 - v_2}{R_3} = 0 \quad (1.8)$$

となる．

同様にして節点1（電圧が v_1 の点）では，

$$\frac{0 - (v_1 - v_c)}{R_5} + \frac{(v_2 + v_b) - v_1}{R_2} + \frac{(v_3 + v_a) - v_1}{R_1} = 0 \quad (1.9)$$

となり，節点3（電圧が v_3 の点）では，

$$\frac{v_2 - v_3}{R_3} + \frac{(0 - v_d) - v_3}{R_6} + \frac{v_1 - (v_3 + v_a)}{R_1} = 0 \quad (1.10)$$

となる．

これらを整理すると，

$$-\left(\frac{1}{R_1} + \frac{1}{R_2} + \frac{1}{R_3}\right)v_1 + \frac{1}{R_2}v_2 + \frac{1}{R_1}v_3 = -\frac{v_a}{R_1} - \frac{v_b}{R_2} - \frac{v_c}{R_5}$$

$$\frac{1}{R_2}v_1 - \left(\frac{1}{R_2} + \frac{1}{R_3} + \frac{1}{R_4}\right)v_2 + \frac{1}{R_3}v_3 = \frac{v_b}{R_2}$$

$$\frac{1}{R_1}v_1 + \frac{1}{R_3}v_2 - \left(\frac{1}{R_1} + \frac{1}{R_3} + \frac{1}{R_6}\right)v_3 = \frac{v_a}{R_1} + \frac{v_d}{R_6} \quad (1.11)$$

となる．これを行列の形で表せば，

$$\begin{bmatrix} -\frac{1}{R_1} - \frac{1}{R_2} - \frac{1}{R_5} & \frac{1}{R_2} & \frac{1}{R_1} \\ \frac{1}{R_2} & -\frac{1}{R_2} - \frac{1}{R_3} - \frac{1}{R_4} & \frac{1}{R_3} \\ \frac{1}{R_1} & \frac{1}{R_3} & -\frac{1}{R_1} - \frac{1}{R_3} - \frac{1}{R_6} \end{bmatrix} \begin{bmatrix} v_1 \\ v_2 \\ v_3 \end{bmatrix}$$

$$= \begin{bmatrix} -\frac{v_a}{R_1} - \frac{v_b}{R_2} - \frac{v_c}{R_5} \\ \frac{v_b}{R_2} \\ \frac{v_a}{R_1} + \frac{v_d}{R_6} \end{bmatrix} \quad (1.12)$$

となり，クラーメルの式を用いれば直ちにすべての未知な電位（v_1, v_2, v_3）を求めることができる．これらの電圧からすべての部分の電流が計算できる．

この方法のもう1つの利点は，式(1.12)からわかるように，方程式の係数行列式が対称的で対角項がそれぞれ等しくなることである[*3)]．

【例題 1.2】 図 1.7 の回路で，R_3 に流れる電流を求めよ．

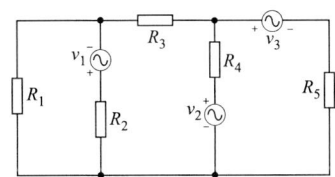

図 1.7 簡単な回路例．R_3 の電流を求めよ．

【解】 図 1.8 のように，最下部を接地点とし，独立した節点 A, B の電位をそれぞれ v_A, v_B とする．それぞれに流入する電流を図のように考えると，節点ごとに流入する電流の和が零となるので，

[*3)] 対称的になるのは独立電源のみを含む回路に限られ，トランジスタ回路などのように制御電源（従属電源）を含む回路では必ずしも対称的になるとは限らない．

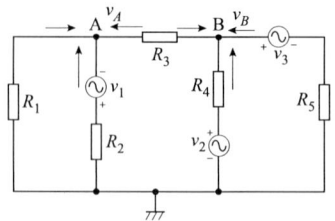

図 1.8 節点 A, B の電位を仮定し,流入する電流の和が零として解析する.

$$\frac{0-v_A}{R_1} + \frac{0-(v_A+v_1)}{R_2} + \frac{v_B-v_A}{R_3} = 0$$
$$\frac{v_A-v_B}{R_3} + \frac{(0+v_2)-v_B}{R_4} + \frac{0-(v_B-v_3)}{R_5} = 0 \quad (1.13)$$

これを整理すると,

$$\begin{bmatrix} -\left(\dfrac{1}{R_1}+\dfrac{1}{R_2}+\dfrac{1}{R_3}\right) & \dfrac{1}{R_3} \\ \dfrac{1}{R_3} & -\left(\dfrac{1}{R_3}+\dfrac{1}{R_4}+\dfrac{1}{R_5}\right) \end{bmatrix} \begin{bmatrix} v_A \\ v_B \end{bmatrix} = \begin{bmatrix} \dfrac{v_1}{R_2} \\ -\dfrac{v_2}{R_4}-\dfrac{v_3}{R_5} \end{bmatrix}$$
$$(1.14)$$

これを解いて v_A, v_B を求めると,

$$v_A = \frac{\begin{vmatrix} \dfrac{v_1}{R_2} & \dfrac{1}{R_3} \\ -\dfrac{v_2}{R_4}-\dfrac{v_3}{R_5} & -\left(\dfrac{1}{R_3}+\dfrac{1}{R_4}+\dfrac{1}{R_5}\right) \end{vmatrix}}{\begin{vmatrix} -\left(\dfrac{1}{R_1}+\dfrac{1}{R_2}+\dfrac{1}{R_3}\right) & \dfrac{1}{R_3} \\ \dfrac{1}{R_3} & -\left(\dfrac{1}{R_3}+\dfrac{1}{R_4}+\dfrac{1}{R_5}\right) \end{vmatrix}}$$

$$v_B = \frac{\begin{vmatrix} -\left(\dfrac{1}{R_1}+\dfrac{1}{R_2}+\dfrac{1}{R_3}\right) & \dfrac{v_1}{R_2} \\ \dfrac{1}{R_3} & -\dfrac{v_2}{R_4}-\dfrac{v_3}{R_5} \end{vmatrix}}{\begin{vmatrix} -\left(\dfrac{1}{R_1}+\dfrac{1}{R_2}+\dfrac{1}{R_3}\right) & \dfrac{1}{R_3} \\ \dfrac{1}{R_3} & -\left(\dfrac{1}{R_3}+\dfrac{1}{R_4}+\dfrac{1}{R_5}\right) \end{vmatrix}}$$

と求めることができる.したがって R_3 を流れる電流 i_3 は,

$$i_3 = \frac{v_A - v_B}{R_3}$$

$$= -\frac{1}{R_3} \frac{\dfrac{V_1}{R_2}\left(\dfrac{1}{R_4}+\dfrac{1}{R_5}\right)+\left(\dfrac{v_2}{R_4}+\dfrac{v_3}{R_5}\right)\left(\dfrac{1}{R_1}+\dfrac{1}{R_2}\right)}{\dfrac{1}{R_3}\left(\dfrac{1}{R_4}+\dfrac{1}{R_5}\right)+\dfrac{1}{R_3}\left(\dfrac{1}{R_1}+\dfrac{1}{R_2}\right)+\left(\dfrac{1}{R_1}+\dfrac{1}{R_2}\right)\left(\dfrac{1}{R_4}+\dfrac{1}{R_5}\right)} \tag{1.15}$$

となる.

1.3 回路解析のための定理・方法

すべての回路は,キルヒホッフの法則に基づいて,節点法により解析できる.しかしながら,特定の状況ではより容易に回路の状態を表現する方法がある.これらを理解して効果的に用いることにより,回路の状態をより直感的に把握できる.

1.3.1 テブナンの定理

図 1.9 のように,電子回路の任意の位置に抵抗(一般にはインピーダンス)を接続する場合を考える.接続端子からみた回路は電源 v_o と内部抵抗 R_o(一般的には内部インピーダンス)で表すことができる.

端子間の開放電圧(負荷を取り去ったときに現れる電圧)を v_{open},端子間に流れる短絡電流(端子を短絡したときに流れる電流)を i_{short} とすれば,電源電圧と内部抵抗は短絡電流と開放電圧で表すことができる.すなわち,

$$v_{open} = \lim_{R_L \to \infty} v_L - v_o \tag{1.16}$$

$$i_{short} = \lim_{R_L \to 0} i_L = \frac{v_o}{R_o} = \frac{v_{open}}{R_o} \tag{1.17}$$

であるから,内部抵抗 R_o は,

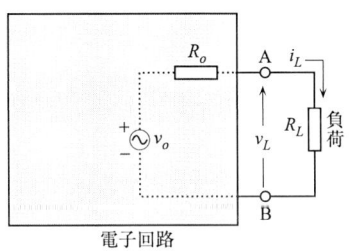

図 1.9 テブナンの定理

$$R_o = \frac{v_{open}}{i_{short}} \tag{1.18}$$

であり，回路中の任意の端子に接続されている負荷 R_L に流れる電流 i_L は，

$$i_L = \frac{v_{open}}{R_o + R_L} \tag{1.19}$$

となる．これがテブナンの定理である．

これは，任意の端子を電圧 v_{open} の理想電源とそれに直列な内部抵抗（出力抵抗）R_o とで構成される電源とみなせることと等価であり，等価電源定理とも呼ばれる．この定理によれば，複雑な電子回路を単純化して取り扱うことができる．すなわち，電子回路の出力端子に着目すると，開放電圧 v_{open} と出力抵抗 R_o がわかれば，任意の負荷を接続した場合に負荷に供給される電流が，式 (1.19) により得られる．

図 1.9 の例では電圧源を用いて表しているが，電流源で表現することも可能である．この場合，電流源の電流値を i_o とすれば，

$$i_o = \frac{v_o}{R_o} = i_{short} \tag{1.20}$$

となり，出力抵抗は電流源と並列に接続される．

1.3.2 重ね合わせの定理

いくつかの電源を含む回路の電流・電圧を計算する場合，個々の電源の効果を寄せ集めたものがすべての電源を接続した場合の電流・電圧となる．このように，個々の電源の効果を重ね合わせて全体の回路の状態を求めることができる．これを重ね合わせの定理という．

ある特定の電源の効果を計算する場合，他の電源の効果は無視して取り扱うが，この場合電源の効果だけを無視し，回路的には変化させないことが必要である．すなわち，電源の効果だけを無視するには，電圧源は短絡して，電流源は開放して取り扱わなければならない．

電子回路では，直流バイアス回路と交流信号回路をそれぞれ独立に取り扱うことにより，解析が著しく容易となる．このような取扱いの理論的根拠となるのがこの重ね合わせの定理である．

重ね合わせの定理を確かめる最も簡単な例として，図 **1.10** の回路の R_3 を流れる電流 i_3 について，キルヒホッフの法則で計算した結果と重ね合わせの定理に

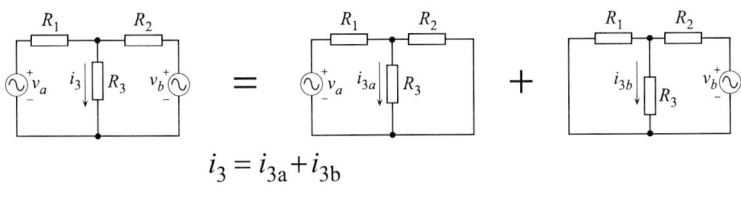

$$i_3 = i_{3a} + i_{3b}$$

図 1.10 重ね合わせの定理の確認

基づいて求めた結果が等しいことを確かめる．図 1.10 の回路で，中間点の電位を v_x として節点法で回路方程式をつくると，

$$\frac{v_a - v_x}{R_1} + \frac{-v_x}{R_3} + \frac{v_b - v_x}{R_2} = 0 \tag{1.21}$$

この式から v_x が求められ，電流 i_3 は $i_3 = v_x/R_3$ より，

$$i_3 = \frac{v_x}{R_3} = \frac{1}{R_3} \frac{\dfrac{v_a}{R_1} + \dfrac{v_b}{R_2}}{\dfrac{1}{R_1} + \dfrac{1}{R_2} + \dfrac{1}{R_3}} = \frac{R_2 v_a + R_1 v_b}{R_1 R_2 + R_2 R_3 + R_3 R_1} \tag{1.22}$$

となる．

次に重ね合わせの定理を用いる．電源 v_a の効果だけで流れる電流を i_{3a} とする．このとき v_b は短絡して考えるので，i_{3a} は電源 v_a から流出する電流を，抵抗 R_2 と R_3 で分流した値となり，

$$i_{3a} = \frac{R_2}{R_2 + R_3} \frac{v_a}{R_1 + \dfrac{R_2 R_3}{R_2 + R_3}}$$

$$= \frac{R_2 v_a}{R_1 R_2 + R_2 R_3 + R_3 R_1} \tag{1.23}$$

同様に，電源 v_b だけの効果による電流 i_{3b} を求めると，電源 v_a を短絡して考えるので，

$$i_{3b} = \frac{R_1 v_b}{R_1 R_2 + R_2 R_3 + R_3 R_1} \tag{1.24}$$

したがって，

$$i_3 = i_{3a} + i_{3b} = \frac{R_2 v_a + R_1 v_b}{R_1 R_2 + R_2 R_3 + R_3 R_1} \tag{1.25}$$

となり，節点法で計算した式と一致する．

このことを，より一般的に考える．m 個の電圧源 v_{ai} を含む n 個の閉ループからなる線形回路について，節点法で回路方程式をつくると，

$$\begin{bmatrix} a_{11} & a_{12} & \cdots & a_{1n} \\ a_{21} & a_{22} & \cdots & a_{2n} \\ \vdots & \vdots & \vdots & \vdots \\ a_{n1} & a_{n2} & \cdots & a_{nn} \end{bmatrix} \begin{bmatrix} v_1 \\ v_2 \\ \vdots \\ v_n \end{bmatrix} = \begin{bmatrix} b_{11} & b_{12} & \cdots & b_{1m} \\ b_{21} & b_{22} & \cdots & b_{2m} \\ \vdots & \vdots & \vdots & \vdots \\ b_{n1} & b_{n2} & \cdots & b_{nm} \end{bmatrix} \begin{bmatrix} v_{a1} \\ v_{a2} \\ \vdots \\ v_{am} \end{bmatrix} \tag{1.26}$$

となる.

式 (1.26) から k 番目の節点の電圧 v_k を求めると,

$$v_k = \frac{\begin{vmatrix} a_{11} & a_{12} & \cdots & (b_{11}v_{a1}+b_{12}v_{a2}+\cdots+b_{1m}v_{am}) & \cdots & a_{1n} \\ a_{21} & a_{22} & \cdots & (b_{21}v_{a1}+b_{22}v_{a2}+\cdots+b_{2m}v_{am}) & \cdots & a_{2n} \\ \vdots & \vdots & \vdots & \vdots & \vdots & \vdots \\ a_{n1} & a_{n2} & \cdots & (b_{n1}v_{a1}+b_{n2}v_{a2}+\cdots+b_{nm}v_{am}) & \cdots & a_{nn} \end{vmatrix}}{\begin{vmatrix} a_{11} & a_{12} & \cdots & a_{1n} \\ a_{21} & a_{22} & \cdots & a_{2n} \\ \vdots & \vdots & \vdots & \vdots \\ a_{n1} & a_{n2} & \cdots & a_{nn} \end{vmatrix}} \tag{1.27}$$

となる.行列式の定義から,この式はそれぞれの電圧($v_{a1}, v_{a2}, \cdots$)が単独に存在している場合の和の形となっている.

演 習 問 題

1.1 図 **1.11**(a) の回路について以下の問に答えよ.
 a) A 点の電位を v_A と仮定し,節点法で回路方程式をつくれ.
 b) 回路方程式を解いて v_A を求めよ.
 c) R_1 に流れる電流を求めよ.
 d) 重ね合わせの定理を用いて R_1 に流れる電流を計算し,結果が一致することを確かめよ.

1.2 図 1.11 の回路は電源を複数含むやや複雑な回路である.(b)～(f) の回路について節点法で回路方程式をつくれ.また,クラーメルの公式を用いて回路方程式を解き,R_3 に流れる電流を行列式の形式で示せ.

演 習 問 題

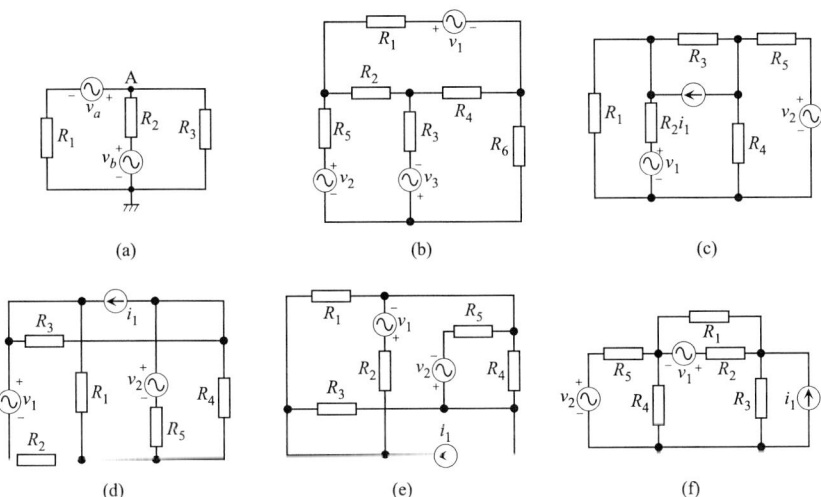

図 1.11 電源を複数もつ少し複雑な回路

2. 直流と交流を同時に含む回路の解析

　電子回路では，回路にエネルギーを供給する直流電源と，処理される交流信号が同時に存在している．これを解析するには，重ね合わせの定理を根拠にしてそれぞれ別々に扱う．定常状態の交流回路は複素数を用いて効果的に解析できる．

　最終的にすべてを含む結果はそれぞれの結果の単純な和となるが，このためには交流信号を瞬時値で表す必要がある．直流電圧・直流電流を含む式の中に，複素電圧・複素電流が同時に存在してはならない．

2.1 瞬時値と複素電圧・複素電流の関係

　実際の電流・電圧波形は瞬時値で表されるが，瞬時値をそのまま用いて解析するには微分方程式の特別解（定常解）を求めることになり煩雑である．そこで，簡単に定常値を求める方法として複素電圧・複素電流が用いられている．複素数による解析を用いるには，複素電圧・複素電流と瞬時値波形の関係を正しく認識していなければならない．

2.1.1 正弦波電流・電圧の表現方法

　交流回路で通常用いる電圧・電流は正弦波である．これを表す方法として，表 2.1 に示したような 2 種類がある．これらはそれぞれ異なる表現方法なので，両者が同じ等式に現れることはない．いわば，異なる言語で同じ内容を表現しているものであり，それぞれを混同してはならない．（「私は is Kamimura.」では日本人にも英米人にも通じない．）

　通常用いられている交流電流や交流電圧は，値を時間に対して正弦波で表すことができる．電圧 $v(t)$，交流電流 $i(t)$ の振幅をそれぞれ V_m, I_m, 周波数（厳密には角周波数）を ω, 位相を θ, ϕ とすれば，

表 2.1 複素電圧・複素電流と瞬時値の対応

瞬時値		複素電圧・複素電流
$v(t) = V_m \sin(\omega t + \phi_1)$	$\longleftrightarrow$	$\dot{V} = \dfrac{V_m}{\sqrt{2}} e^{j\phi_1}$
$i(t) = I_m \sin(\omega t + \phi_2)$	$\longleftrightarrow$	$\dot{I} = \dfrac{I_m}{\sqrt{2}} e^{j\phi_2}$
$v(t) = Ri(t)$	$\longleftrightarrow$	$\dot{V} = R\dot{I}$
$v(t) = L\dfrac{di}{dt}$	$\longleftrightarrow$	$\dot{V} = j\omega L \dot{I}$
$v(t) = \dfrac{1}{C} \int i(t) dt$	$\longleftrightarrow$	$\dot{V} = \dfrac{1}{j\omega C} \dot{I}$
実数（時間の関数）	$\longleftrightarrow$	時間を含まない複素数
フーリエ逆変換 $f(t) = \dfrac{1}{2\pi} \int F(\omega) e^{j\omega t} d\omega$ 時間 (t) 空間	$\longleftrightarrow$	フーリエ変換 $F(\omega) = \int f(t) e^{-j\omega t} dt$ 周波数 (ω) 空間
ラプラス逆変換 $g(t) = \dfrac{1}{2\pi j} \int G(s) e^{st} ds$ t 空間	$\longleftrightarrow$	ラプラス変換 $G(s) = \int f(t) e^{-st} dt$ s 空間
私は上村です．	$\longleftrightarrow$	My name is Kamimura.

$$v(t) = V_m \sin(\omega t + \theta) \tag{2.1}$$

$$i(t) = I_m \sin(\omega t + \phi) \tag{2.2}$$

である．このように，電圧・電流を時間の関数で表現したものを瞬時値という．実際の電圧や電流の波形をオシロスコープ等で測定すると，この形が得られる．

交流回路では，キャパシタ C やインダクタ L が含まれる．これらの素子の電流と電圧の関係は微積分で表現されるので，波形を正弦波で表現すると解析が煩雑となる．解析を容易にする方法として，正弦波を複素数で表現する方法が考えられた（詳細は付録 A.1 に記載）．すなわち，

$$\dot{v}(t) = V_m e^{j(\omega t + \theta)} = V_m \{\cos(\omega t + \theta) + j\sin(\omega t + \theta)\} \tag{2.3}$$

$$\dot{i}(t) = I_m e^{j(\omega t + \phi)} = I_m \{\cos(\omega t + \phi) + j\sin(\omega t + \phi)\} \tag{2.4}$$

とする．正弦波は複素数の虚数部に現れている．このような表現方法を用いることにより，時間に関する微積分を $j\omega$ の積または商として表すことができ，解析が容易となる．

単純な例としてインダクタを考える．インダクタ L に流れる電流を $\dot{i}_L(t) = I_m e^{j(\omega t + \phi)}$ とすれば両端の電位差 $\dot{v}_L(t)$ は，

$$\dot{v}_L(t) = L\frac{d\dot{i}_L(t)}{dt} = Lj\omega I_m e^{j(\omega t + \phi)} = j\omega L \dot{i}_L(t) \tag{2.5}$$

となる．キャパシタの場合は両端の電位差が電流の積分であり，$1/j\omega$ が現れる（詳細は付録 A.2 参照）．

交流回路では，電流・電圧は周波数 ω の正弦波状に変化していることがわかっている．したがって，振幅と位相が決まればすべてがわかる．そこで，電流・電圧の振幅と位相だけを取り出して複素数で表現した複素電圧・複素電流を以下のように定義する．すなわち，

$$\dot{V} = \frac{V_m}{\sqrt{2}}(\cos\theta + j\sin\theta) = \frac{V_m}{\sqrt{2}}e^{j\theta} \tag{2.6}$$

$$\dot{I} = \frac{V_m}{\sqrt{2}}(\cos\phi + j\sin\phi) = \frac{I_m}{\sqrt{2}}e^{j\phi} \tag{2.7}$$

となる．複素電圧・複素電流の大きさには実効値が用いられる[*1]．大きさとして，振幅ではなく実効値を用いることにより電力の計算が容易となる．

抵抗，キャパシタ，インダクタ両端の複素電圧と複素電流の関係は，

$$\dot{V} = R\dot{I} \tag{2.8}$$

$$\dot{V} = j\omega L\dot{I} \tag{2.9}$$

$$\dot{V} = \frac{1}{j\omega C}\dot{I} \tag{2.10}$$

となり，R，$j\omega L$，$1/j\omega C$ で構成される複素インピーダンス $\dot{Z}$ を用いると，

$$\dot{V} = \dot{Z}\dot{I} \tag{2.11}$$

となり，直流におけるオームの法則と同様な形式が成立し，交流回路を直流回路と同様な手法で解析できる．

2.1.2 複素電圧・複素電流による交流解析

図 2.1 の回路は抵抗とコイル（インダクタ）を含む交流回路である．この回路に電圧 $v(t) = V_m\sin(\omega t + \theta)$ という正弦波交流電圧を加えた場合に流れる電流の瞬時値を，複素電圧・複素電流を用いて求める．

回路の複素インピーダンス $\dot{Z}$ は L と R が直列に接続されているので，

$$\dot{Z} = R + j\omega L \tag{2.12}$$

固定周波数の正弦波電圧・電流は，定常状態では位相と振幅が決まればすべて

[*1] 一般家庭では交流 100 V が用いられているが，この最大電圧（振幅）は 141.42 V である．

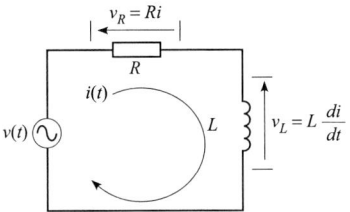

図 2.1　RL 回路の計算. $v(t) = V_m \sin(\omega t + \theta)$

決定される．電圧源 $v(t) = V_m \sin(\omega t + \theta)$ を複素電圧で表せば，

$$\dot{V} = \frac{V_m}{\sqrt{2}} e^{j\theta} = \frac{V_m}{\sqrt{2}} (\cos\theta + j\sin\theta) \tag{2.13}$$

となり，複素電流は，

$$\dot{I} = \frac{\dot{V}}{\dot{Z}} = \frac{\dfrac{V_m}{\sqrt{2}} e^{j\theta}}{R + j\omega L} \tag{2.14}$$

となる．ここで，

$$\dot{Z} = R + j\omega L = \sqrt{R^2 + (\omega L)^2} e^{j\delta} \tag{2.15}$$

$$\cos\delta \equiv \frac{R}{\sqrt{R^2 + (\omega L)^2}}$$

であり，

$$\dot{I} = \frac{V_m}{\sqrt{2}\sqrt{R^2 + (\omega L)^2}} e^{j(\theta - \delta)} \tag{2.16}$$

となる．複素電流の大きさは振幅の $1/\sqrt{2}$ であり，角度が位相を表しているので，電流の瞬時値は，

$$i(t) = \frac{V_m}{\sqrt{R^2 + (\omega L)^2}} \sin(\omega t + \theta - \delta) \tag{2.17}$$

となることがわかる．

このように，複素電圧・複素電流・複素インピーダンスを用いることにより，交流回路では $\dot{V} = \dot{Z}\dot{I}$ であり，直流の $V = RI$ と同じように回路の電流・電圧を計算できる．複素量が直接的に瞬時値に対応していることが十分に理解できれば，複素量だけで論議が可能である．実際の電気・電子回路では複素数の世界での論議ですべてを終わらせることが多い．これは，複素量が求まれば，これを実際の値に変換することはきわめて容易であるという合意に基づいている．

【例題 2.1】 複素数を使わずに図 2.1 に流れる電流を求めよ．

【解】 抵抗両端に現れる電位差を $v_R(t)$，インダクタンス両端に現れる電位差を $v_L(t)$ とすれば，

$$v_R(t) = Ri(t) \tag{2.18}$$

$$v_L(t) = L\frac{di(t)}{dt} \tag{2.19}$$

であるから，

$$Ri(t) + L\frac{di(t)}{dt} = v(t) \tag{2.20}$$

という関係が成立する．$i(t) = I_m \sin(\omega t + \phi)$ と仮定して，式 (2.20) に代入し，I_m と ϕ を求める．すなわち，

$$\begin{aligned}
v(t) &= V_m \sin(\omega t + \theta) \\
&= Ri(t) + L\frac{di}{dt} \\
&= RI_m \sin(\omega t + \phi) + LI_m \omega \cos(\omega t + \phi) \\
&= I_m \sqrt{R^2 + (\omega L)^2} \{\sin(\omega t + \phi)\cos\delta + \cos(\omega t + \phi)\sin\delta\} \\
&= I_m \sqrt{R^2 + (\omega L)^2} \sin(\omega t + \phi + \delta)
\end{aligned} \tag{2.21}$$

ただし，

$$\cos\delta \equiv \frac{R}{\sqrt{R^2 + (\omega L)^2}}, \quad \sin\delta \equiv \frac{\omega L}{\sqrt{R^2 + (\omega L)^2}} \tag{2.22}$$

となる．したがって，電流の振幅 I_m と位相 ϕ は，

$$V_m = I_m \sqrt{R^2 + (\omega L)^2} \tag{2.23}$$

$$\theta = \phi + \delta \tag{2.24}$$

より，

$$i(t) = \frac{V_m}{\sqrt{R^2 + (\omega L)^2}} \sin(\omega t + \theta - \delta) \tag{2.25}$$

となる．

2.2 直流と交流が同時に存在する回路

電子回路では，増幅や発振等の信号処理の対象となるのはおおむね正弦波交流であるが，回路を動作させるためのエネルギー供給には直流を必要とする．すなわち，実際の電子回路では直流と交流が同時に存在している．

直流と交流が混在する回路を解析するには，重ね合わせの定理に基づいて，そ

れぞれを独自に解析する手法が用いられる．直流も含めた信号波形はそれぞれの解析結果の和をとることにより得られる．ただし，直流と交流の和を得るにはそれぞれが瞬時値で表現されていなければならない．

図 **2.2** の回路で v_1 が周波数 ω の交流（$v_1(t) = V_1 \sin \omega t$），$v_2$ が一定電圧 V_2 の直流である場合について，A 点の電圧波形を考える．

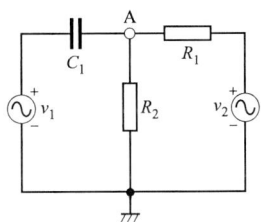

図 **2.2** 直流電源と交流電源が両方存在する回路

重ね合わせの定理を用いて，直流と交流に分けて解析する．まず直流電源 v_2 に対する回路を考える．このとき，交流電源 v_1 は短絡して考えるので図 **2.3** のようになる．

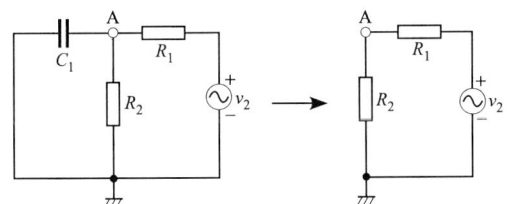

図 **2.3** 直流電源に対する回路．交流電源は短絡して考える．

図 2.3 から，$v_2 = V_2$ であり，A 点の直流電位 V_{dc} はただちに，

$$V_{dc} = \frac{R_2}{R_1 + R_2} v_2 = \frac{R_2}{R_1 + R_2} V_2 \tag{2.26}$$

であることがわかる．

次に，交流電源 v_1 に対する回路を考える．このとき，直流電源 v_2 は短絡して扱うので図 **2.4** のようになる．

まず，交流電源電圧 $v_1(t)$ を複素電圧 $\dot{V}_1$ で表すと，

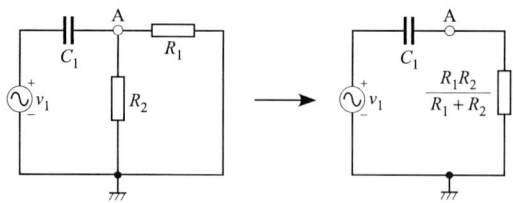

図 2.4 交流電源に対する回路. 直流電源は短絡して考える.

$$\dot{V}_1 = \frac{V_1}{\sqrt{2}} e^{j0} = \frac{V_1}{\sqrt{2}} \tag{2.27}$$

R_1 と R_2 の並列抵抗を $R \equiv R_1 R_2/(R_1 + R_2)$ とすれば, A 点の電位を複素数で表した複素電圧 $\dot{V}_{ac}$ は,

$$\dot{V}_{ac} = \frac{R}{\dfrac{1}{j\omega C} + R} \dot{V}_1 = \frac{1}{1 - j\dfrac{1}{\omega CR}} \dot{V}_1 = \frac{1}{\sqrt{1 + \left(\dfrac{1}{\omega CR}\right)^2}} \frac{V_1}{\sqrt{2}} e^{j\delta} \tag{2.28}$$

$$R \equiv \frac{R_1 R_2}{R_1 + R_2}$$

$$\tan \delta \equiv \frac{1}{\omega CR}$$

となる. したがって, A 点の交流電位の瞬時値 $v_{ac}(t)$ は,

$$v_{ac}(t) = \frac{1}{\sqrt{1 + \left(\dfrac{1}{\omega CR}\right)^2}} V_1 \sin(\omega t + \delta) \tag{2.29}$$

となる.

　直流電源と交流電源が同時に存在する場合の A 点の電位 $v_A(t)$ は, 重ね合わせの定理により, V_{dc} と $v_{ac}(t)$ の和であるから,

$$v_A(t) = V_{dc} + v_{ac}(t) = \frac{R_2}{R_1 + R_2} V_2 + \frac{1}{\sqrt{1 + \left(\dfrac{1}{\omega CR}\right)^2}} V_1 \sin(\omega t + \delta) \tag{2.30}$$

である.

　電子回路では, 回路にエネルギーを供給するための直流電源と信号源の交流電源が同時に存在する. このため, 電子回路の解析では, この例のように直流電源

に対する回路と交流電源に対する回路をそれぞれ別々に解析することができる．ただし，直流と交流を同時に考慮する場合はどちらも瞬時値でなければならない．

演 習 問 題

2.1 次の複素電圧・複素電流を瞬時値に，また瞬時値を複素表示にして数値で示せ．
 (1) $\dot{V}_a = -2 + j5$ [V]
 (2) $\dot{I}_b = 3 - j2$ [mA]
 (3) $v_1(t) = 10 \sin(\omega t + 1.05)$ [V]
 (4) $i_1(t) = 14.14 \cos(\omega t + 0.785)$ [mA]

2.2 図 2.5 のように抵抗とキャパシタからなる回路に電圧 $v_2 = V_2$ の直流電源と振幅 V_m，角周波数 ω，位相角 θ の交流電源 v_1 が接続されている．この回路について以下の問に答えよ．

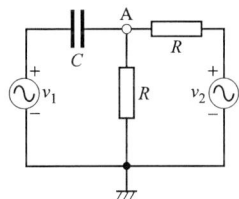

図 2.5 抵抗とキャパシタで構成された回路

a) 抵抗に流れる直流電流と，A 点の直流電位 V_A を求めよ．

b) キャパシタに流れる交流電流と A 点の交流電位を複素電流，複素電圧で表せ．

c) $R = 200\ \Omega$，$C = 0.001\ \mu\text{F}$ のとき，キャパシタに流れる交流電流の瞬時値と A 点の交流電位の瞬時値を求めよ．ただし，交流電圧源の振幅は 5 V，周波数は 2 MHz，位相角は 0 とする．

d) さらに，直流電源の効果も考慮して A 点の電位の瞬時値を求めよ．ただし，直流電源の電圧は 12 V とする．

3. 2端子対（4端子）回路と増幅回路の一般論

一般的な電子回路は，それぞれ2端子入力と出力から構成されており，それぞれの電流と電圧の関係を記述することにより回路の特性を表現できる．このような考えに基づいて電子回路を表現したとき，これを2端子対回路または4端子回路という．

3.1 2端子対（4端子）パラメータの考え方

図 3.1 のように，回路の入力側の電圧，電流を v_1, i_1, 出力側の電圧，電流を v_2, i_2 とする．電流はどちらも回路に流入する方向を正とする．記述の方法は変数の取り方により z パラメータ，y パラメータ，h パラメータ，g パラメータの4通りがある．これらを総称して2端子対パラメータまたは4端子パラメータという．

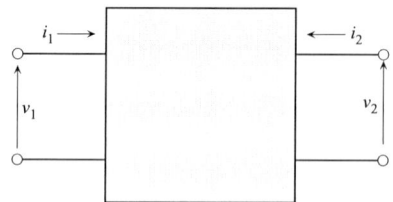

図 3.1 2端子対（4端子）回路の電圧と電流

3.1.1 インピーダンスパラメータ（z パラメータ）

z パラメータまたはインピーダンスパラメータは，入力側の電流と出力側の電流を独立変数とし，これを用いて入力側の電圧と出力側の電圧を表す方法である．入力側の電圧，出力側の電圧を入力側の電流と出力側の電流の関数で表せば，

$$v_1 = z_{11}i_1 + z_{12}i_2$$
$$v_2 = z_{21}i_1 + z_{22}i_2 \tag{3.1}$$

または，行列を用いて

$$[v] = \begin{bmatrix} v_1 \\ v_2 \end{bmatrix} = \begin{bmatrix} z_{11} & z_{12} \\ z_{21} & z_{22} \end{bmatrix} \begin{bmatrix} i_1 \\ 1_2 \end{bmatrix} = [z][i] \tag{3.2}$$

となる．$[z]$ の要素はすべてインピーダンスの次元をもつ．すなわち，入力側と出力側の電流を既知の値として，これを用いて入力側の電圧と出力側の電圧を表す方法である．既知の電流値を理想電源で表現すると図 **3.2** のようになる．

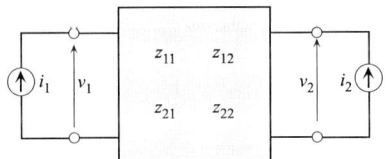

図 **3.2** インピーダンスパラメータの考え方

【例題 **3.1**】 図 **3.3**(a) の回路の z パラメータを求めよ．

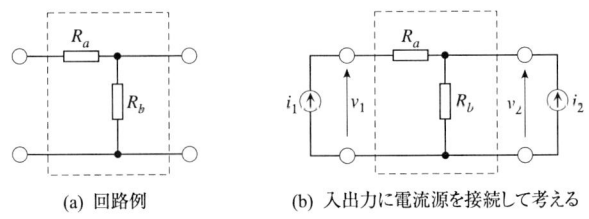

(a) 回路例　　　　(b) 入出力に電流源を接続して考える

図 **3.3** z パラメータの計算例

【解】 z パラメータは，入力側の電流が i_1，出力側の電流が i_2 のとき，それぞれの電圧がどうなるかという扱い方なので，図 3.3(b) のように，入力側に理想電流源 i_1，出力側に理想電流源 i_2 を接続して考える．

入出力側の電圧をそれぞれ v_1，v_2 とすれば，

$$v_2 = R_b(i_1 + i_2)$$
$$v_1 = R_a i_1 + v_2 \tag{3.3}$$

より，

$$v_1 = (R_a + R_b)i_1 + R_b i_2 = z_{11}i_1 + z_{12}i_2$$
$$v_2 = R_b i_1 + R_b i_2 = z_{21}i_1 + z_{22}i_2 \tag{3.4}$$

となるので，

$$\begin{bmatrix} z_{11} & z_{12} \\ z_{21} & z_{22} \end{bmatrix} = \begin{bmatrix} R_a + R_b & R_b \\ R_b & R_b \end{bmatrix} \tag{3.5}$$

である．

3.1.2 アドミタンスパラメータ（y パラメータ）

y パラメータまたはアドミタンスパラメータは，入出力側の電圧を用いて入出力の電流を表現するものであり，

$$i_1 = y_{11}v_1 + y_{12}v_2$$
$$i_2 = y_{21}v_1 + y_{22}v_2 \tag{3.6}$$

または，行列を用いて

$$[i] = \begin{bmatrix} i_1 \\ i_2 \end{bmatrix} = \begin{bmatrix} y_{11} & y_{12} \\ y_{21} & y_{22} \end{bmatrix} \begin{bmatrix} v_1 \\ v_2 \end{bmatrix} = [y][v] \tag{3.7}$$

となる．

【例題 3.2】 図 3.4(a) の回路の y パラメータを求めよ．

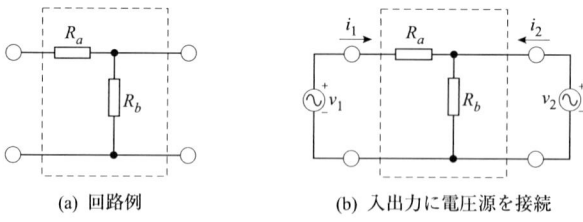

(a) 回路例 (b) 入出力に電圧源を接続

図 3.4 y パラメータの計算例

【解】 y パラメータは，入力側の電圧が v_1，出力側の電圧が v_2 のとき，それぞれの電圧がどうなるかという扱い方なので，図 3.4(b) のように，入力側に理想電圧源 v_1，出力側に理想電圧源 v_2 を接続して考える．

図から節点法で式をつくると，

$$i_1 + \frac{v_2 - v_1}{R_a} = 0$$

$$i_1 + i_2 + \frac{0 - v_2}{R_b} = 0 \tag{3.8}$$

となり，この式から，

$$i_1 = \frac{1}{R_a}v_1 - \frac{1}{R_a}v_2 = y_{11}v_1 + y_{12}v_2$$

$$i_2 = -\frac{1}{R_a}v_1 + \left(\frac{1}{R_a} + \frac{1}{R_b}\right)v_2 = y_{21}v_1 + y_{22}v_2 \tag{3.9}$$

となるので，

$$\begin{bmatrix} y_{11} & y_{12} \\ y_{21} & y_{22} \end{bmatrix} = \begin{bmatrix} \dfrac{1}{R_a} & -\dfrac{1}{R_a} \\ -\dfrac{1}{R_a} & \dfrac{1}{R_a} + \dfrac{1}{R_b} \end{bmatrix} \tag{3.10}$$

となる．

3.1.3 h パラメータと g パラメータ

変数の扱いにはさらに2通りが考えられる．図 **3.5** のように i_1 と v_2 を指定（独立変数）して v_1 と i_2 を表す方式が h パラメータまたはハイブリッドパラメータであり，その逆に v_1 と i_2 を指定（独立変数）して i_1 と v_2 を表す方式が g パラメータまたは逆ハイブリッドパラメータである．h パラメータは，バイポーラトランジスタの特性を表現するのに便利であり，しばしば用いられる．

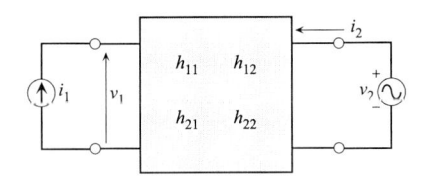

図 **3.5** h パラメータ（ハイブリッドパラメータ）の考え方

h パラメータは，

$$v_1 = h_{11}i_1 + h_{12}v_2$$

$$i_2 = h_{21}i_1 + h_{22}v_2 \tag{3.11}$$

または，行列を用いて

$$\begin{bmatrix} v_1 \\ i_2 \end{bmatrix} = \begin{bmatrix} h_{11} & h_{12} \\ h_{21} & h_{22} \end{bmatrix} \begin{bmatrix} i_1 \\ v_2 \end{bmatrix} \tag{3.12}$$

となる．

g パラメータも同様に考えることができる．

【例題 3.3】 図 3.6(a) の回路の h パラメータを求めよ．

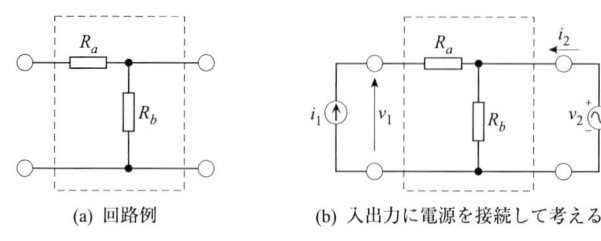

(a) 回路例 (b) 入出力に電源を接続して考える

図 3.6　h パラメータの計算例

【解】 h パラメータは，入力側の電流が i_1，出力側の電圧が v_2 のとき，入力側の電圧 v_1 と出力側の電流 i_2 がどうなるかという扱い方なので，図 3.6(b) のように，入力側に理想電流源 i_1，出力側に理想電圧源 v_2 を接続して考える．

図から節点法で式をつくると，

$$i_1 + \frac{v_2 - v_1}{R_a} = 0$$
$$i_1 + i_2 + \frac{0 - v_2}{R_b} = 0 \tag{3.13}$$

となり，この式から，

$$v_1 = R_a i_1 + v_2 = h_{11} i_1 + h_{12} v_2$$
$$i_2 = -i_1 + \frac{1}{R_b} v_2 = h_{21} i_1 + h_{22} v_2 \tag{3.14}$$

となるので，

$$\begin{bmatrix} h_{11} & h_{12} \\ h_{21} & h_{22} \end{bmatrix} = \begin{bmatrix} R_a & 1 \\ -1 & \dfrac{1}{R_b} \end{bmatrix} \tag{3.15}$$

となる．

3.2　各パラメータの等価回路表現

回路が決められているとそれを 2 端子対（4 端子）パラメータで表すことができるが，その逆にパラメータが与えられたとき，それを等価的な回路で表現することも可能である．図 3.7 はそれぞれのパラメータについて，等価回路で表した

ものである．図 3.7(a) の場合について確かめると，明らかに，

$$v_1 = z_{11}i_1 + z_{12}i_2 \tag{3.16}$$

$$v_2 = z_{21}i_1 + z_{22}i_2 \tag{3.17}$$

であり，インピーダンスパラメータ（z パラメータ）の定義と一致している．他の例についても同様な関係が成立することがわかる．

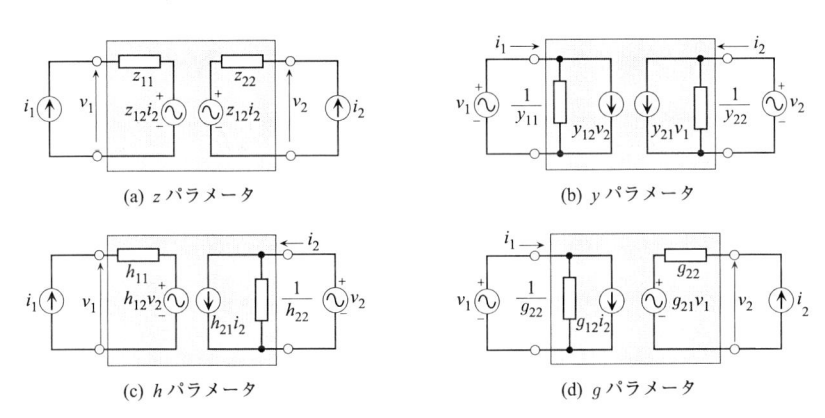

図 3.7 2 端子対（4 端子）パラメータの等価回路表現

電子回路の分野では，トランジスタの特性を回路的に表現するために h パラメータが用いられる．また，高周波回路の設計にはアドミタンスパラメータ（y パラメータ）が用いられる．

3.3 y パラメータを用いた増幅回路の一般論

電子回路を 2 端子対（4 端子）パラメータで表現することにより，回路の特性を一般的に考察することができる．ここでは，代表的な例として y パラメータを用いて考える．他のパラメータで表現しても同様な手順で理論を展開できる．

3.3.1 y パラメータによる増幅回路の特性表現

図 **3.8**(a) はトランジスタを用いたエミッタ接地増幅回路に信号源と負荷を接続したものである．網掛けで表した増幅回路部分を y パラメータで表すと (b) の

図 3.8 エミッタ接地増幅回路とその y パラメータ表現. 実際の回路は (a) のようになる. この回路で網掛け部分を y パラメータで表すと (b) のようになる.

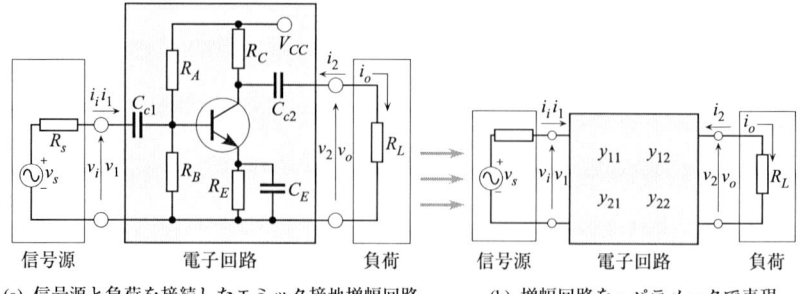

ようになる. エミッタ接地増幅回路に，内部抵抗 R_s の信号源 v_s を接続し，増幅回路の入力端子の信号電圧が v_i, 入力端子から増幅回路に流入する信号電流が i_i であるとき，出力端子（負荷両端）の信号電圧が v_o, 出力端子から負荷に流入する信号電流が i_o であるとする. 図 3.8(b) のように増幅回路が y パラメータで表されているとすれば，

$$v_i = v_1 \tag{3.18}$$

$$v_o = v_2 \tag{3.19}$$

$$i_i = i_1 \tag{3.20}$$

$$i_o = -i_2 \tag{3.21}$$

$$\frac{v_o}{i_o} = R_L = \frac{1}{y_L} \tag{3.22}$$

$$y_L \equiv \frac{1}{R_L} \tag{3.23}$$

であり，

$$i_1 = y_{11}v_1 + y_{12}v_2 = y_{11}v_i + y_{12}v_o \tag{3.24}$$

$$i_2 = y_{21}v_1 + y_{22}v_2 = y_{21}v_i + y_{22}v_o$$

$$= -i_o = -\frac{v_o}{R_L} = -y_L v_o \tag{3.25}$$

である.

3.3.2 電圧増幅率・電流増幅率

電圧増幅率 A_v は，電子回路に入力される電圧 v_i に対する負荷両端に現れる出

力電圧 v_o の比，すなわち $A_v = v_o/v_i$ であり，式 (3.25) を変形して，

$$A_v = \frac{v_o}{v_i} = -\frac{y_{21}}{y_{22} + y_L} \tag{3.26}$$

となる．

電流増幅率 A_i は，入力端子から電子回路に入力される電流 i_i に対する負荷に流入する出力電流 i_o の比，すなわち $A_i = i_o/i_i$ であり，式 (3.24) から，

$$i_i = i_1 = y_{11} v_i + y_{12} v_o = \left(y_{11} \frac{v_i}{v_o} + y_{12} \right) v_o = \left(y_{11} \frac{1}{A_v} + y_{12} \right) \frac{i_o}{y_L} \tag{3.27}$$

となり，

$$A_i = \frac{i_o}{i_i} = \frac{y_L}{y_{11}\dfrac{1}{A_v} + y_{12}} = A_v \frac{y_L}{y_{11}} \frac{1}{1 + \dfrac{y_{12}}{y_{11}} A_v} = A_v \frac{y_L}{y_{11}} \frac{1}{1 + \dfrac{y_{12}}{y_L} \dfrac{y_L}{y_{11}} A_v} \tag{3.28}$$

となる．ここで，$y_{12} = 0$ のときの電流増幅率を A_{i0} とすれば，

$$A_i = A_v \frac{y_L}{y_{11}} \frac{1}{1 + \dfrac{y_{12}}{y_L} \dfrac{y_L}{y_{11}} A_v} = A_{i0} \frac{1}{1 + \dfrac{y_{12}}{y_L} A_{i0}} \tag{3.29}$$

$$A_{i0} \equiv \frac{y_L}{y_{11}} A_v \tag{3.30}$$

と表すことができる．

y パラメータで y_{21} は入力が出力に与える影響を表しており，増幅現象を表現している．また，y_{12} は逆に出力が入力に影響している現象を表しており，いわゆる帰還の効果を表現するパラメータである．

このように電子回路を y パラメータで表現することにより，入力信号が増幅されて出力端子に現れる現象や出力電圧の一部が入力側に電流として帰還される現象を明確に表現することができる．

3.3.3 入力インピーダンス，出力インピーダンス

入力インピーダンス $z_i = 1/y_i$ は入力電圧 v_i と入力電流 i_i で $z_i = v_i/i_i$ と定義され，式 (3.24) から，

$$\begin{aligned} y_i &= \frac{1}{z_i} = \frac{i_i}{v_i} = y_{11} + y_{12} \frac{v_o}{v_i} \\ &= y_{11} + y_{12} A_v = y_{11} \left(1 + \frac{y_{12}}{y_{11}} A_v \right) \end{aligned} \tag{3.31}$$

$$= y_{11}\left(1 + \frac{y_{12}}{y_L}\frac{y_L}{y_{11}}A_v\right) = y_{11}\left(1 + \frac{y_{12}}{y_L}A_{i0}\right) \tag{3.32}$$

となる．ここで注意が必要なことは，電圧増幅率 A_v には負荷抵抗の値 R_L が含まれているため，入力インピーダンスは負荷に依存することである．負荷抵抗の値が入力インピーダンスに影響する原因は，帰還を表すパラメータ y_{12} を介して出力の一部が入力側に影響（帰還）しているためである．

出力インピーダンス z_o（または出力アドミタンス $y_o = 1/z_o$）は，出力端にテブナンの定理を適用して求めることができる．そのためにはまず出力電圧 v_o を負荷の変動に影響されない量（信号源の電圧 v_s 等）で表さなければならない．一般的には入力インピーダンス z_i が式 (3.31) で表されるように A_v を介して負荷に依存するため，負荷が変動すると v_i が変化する．このため，出力インピーダンスを求める場合に出力電圧を v_i で表すと，正しい結果が得られない場合がある．そこで，

$$i_i = \frac{v_s - v_i}{R_s} = y_s(v_s - v_i) = y_{11}v_i + y_{12}v_o \tag{3.33}$$

$$i_o = -\frac{v_o}{R_L} = -y_L v_o = y_{21}v_i + y_{22}v_o \tag{3.34}$$

$$y_s \equiv \frac{1}{R_s} \tag{3.35}$$

から v_o を v_s で表せば，

$$v_o = -\frac{\dfrac{y_{21}}{y_{22}+y_L}\dfrac{y_s}{y_{11}+y_s}}{1 - \dfrac{y_{21}}{y_{22}+y_L}\dfrac{y_{12}}{y_{11}+y_s}} v_s \tag{3.36}$$

となるので，負荷端の開放電圧 v_{open} と短絡電流 i_{short} は，

$$v_{open} = \lim_{R_L \to \infty} v_o = \lim_{y_L \to 0} v_o = -\frac{\dfrac{y_{21}}{y_{22}}\dfrac{y_s}{y_{11}+y_s}}{1 - \dfrac{y_{21}}{y_{22}}\dfrac{y_{12}}{y_{11}+y_s}} v_s \tag{3.37}$$

$$i_{short} = \lim_{R_L \to 0} \frac{v_o}{R_L} = \lim_{y_L \to \infty} y_L v_o = -\frac{y_{21}y_s}{y_{11}+y_s} v_s \tag{3.38}$$

となり，

$$y_o = \frac{1}{z_o} = \frac{i_{short}}{v_{open}} = y_{22}\left(1 - \frac{y_{21}}{y_{22}}\frac{y_{12}}{y_{11}+y_s}\right) \tag{3.39}$$

という関係が得られる．

3.3.4 増幅回路の一般的な特性表現

増幅回路の特性は，増幅率（電流増幅率 A_i または電圧増幅率 A_v），入力インピーダンス z_i，出力インピーダンス z_o で表すことができる．増幅率は，回路に入ってくる電圧または電流に対する，回路から負荷に出て行く電圧または電流の比であるから，信号源と負荷を接続した状態で考えなければならない．すなわち，

$$\text{電圧増幅率}\ (A_v) = \frac{\text{出力電圧}\ (v_o)}{\text{入力電圧}\ (v_i)} \tag{3.40}$$

$$\text{電流増幅率}\ (A_i) = \frac{\text{出力電流}\ (i_o)}{\text{入力電流}\ (i_i)} \tag{3.41}$$

であり，負荷 $R_L = 1/y_L$ に直接的に影響される．また，増幅率は入力電圧 v_i や入力電流 i_i に対する割合として定義されているので，信号源の電圧 v_s は直接的には関係しない．

入力インピーダンスには式 (3.31) からわかるように A_v を介して負荷抵抗の影響が含まれ，出力インピーダンスには式 (3.39) に示されているように信号源の出力インピーダンスが影響する．入力インピーダンスは，負荷を接続した状態で，入力電圧と入力電流の比を計算することにより求めることができる．すなわち，

$$\text{入力インピーダンス}\ (z_i) = \frac{\text{入力電圧}\ (v_i)}{\text{入力電流}\ (i_i)} \tag{3.42}$$

式 (3.31) から，負荷と入力インピーダンスを結びつけているのは y_{12} であることがわかる．すなわち，$y_{12} = 0$ ならば入力インピーダンスは負荷に無関係となり，負荷が変動しても一定の値をとる．

出力インピーダンス z_o はテブナンの定理を用いて，

$$\text{出力インピーダンス}\ (z_o) = \frac{\text{開放電圧}\ (v_{open})}{\text{短絡電流}\ (i_{short})} \tag{3.43}$$

となる[*1)]．この場合，短絡電流と開放電圧は負荷を開放・短絡しても変化しない値（信号源電圧 v_s）で表さなければならない．出力インピーダンスも入力インピーダンスと同様に y_{12} により信号源の出力インピーダンス $R_s = 1/y_s$ と結びついている．すなわち，信号源の状態が変化すると増幅回路の出力インピーダンスが変動することになる．式 (3.39) から，入力側と出力側は y_{12} で結びつけられており，$y_{12} = 0$ ならば出力インピーダンスは信号源に無関係となることがわかる．

高周波回路ではインピーダンス整合がきわめて重要であり，入力側，出力側とも

[*1)] v_o/i_o は R_L であり出力インピーダンスではないことに注意．

に常にインピーダンスを整合させておくことが望ましい．この場合，負荷や信号源の変動により増幅回路の入出力インピーダンスが変化すると，回路がインピーダンス整合しなくなり，所定の特性が得られなくなる場合がある．このような事態を避けるには，回路から帰還効果を減少させて $y_{12} = 0$ に近づけることが重要である．$y_{12} = 0$ ならば，回路の解析もきわめて容易となる．

演 習 問 題

3.1 図 3.9 の回路について，

a) AA′ に電流源 i_1 を，BB′ に電圧源 v_2 を接続したとき，中間点の電位を v_x として，この点に関する節点法による回路方程式を示せ．

b) v_x を i_1 と v_2 で表すことにより，AA′ の電圧 v_1 と B から回路に流入する電流 i_2 を i_1 と v_2 で表して，回路の h パラメータを求めよ．

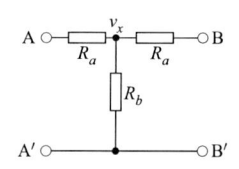

図 3.9 2 端子対（4 端子）回路の例

3.2 図 3.10(a) の回路の AA′ に電流源 i_1 を，BB′ に電圧源 v_2 を接続したとき，AA′ の電圧 v_1 と B から回路に流入する電流 i_2 を i_1 と v_2 で表して，回路の h パラメータを求めよ（回路方程式不要）．

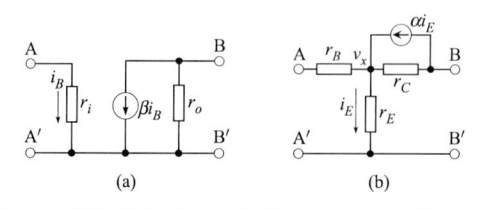

図 3.10 制御電源を含む回路（トランジスタの等価回路）

3.3 図 3.10(b) の回路について，

a) AA′ に電流源 i_1 を，BB′ に電圧源 v_2 を接続したとき，中間点の電位を v_x として，節点法による回路方程式を示せ．

b) AA′ の電圧 v_1 と B から回路に流入する電流 i_2 を i_1 と v_2 で表すことにより，回路の h パラメータを求めよ．

3.4 図 3.11 の回路について，上記と同様に入力端子に電圧源 v_1 を，出力端子に電圧源 v_2 を接続し，電流値を求めることによりそれぞれの回路の y パラメータを求めよ（回路方程式不要）．

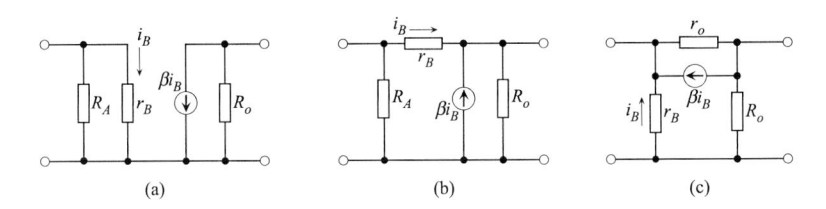

図 3.11 制御電源を含む回路（トランジスタのエミッタ接地 (a)，コレクタ接地 (b)，ベース接地 (c) 増幅回路の等価回路表現）

3.5 図 3.12 は図 3.11 の回路の入力側に信号源 v_s を，出力側に負荷抵抗 R_L を接続した回路である．図 3.11 について算出した y パラメータと式 (3.24)〜(3.39) の関係を用いてこの回路の電圧増幅率を計算せよ．

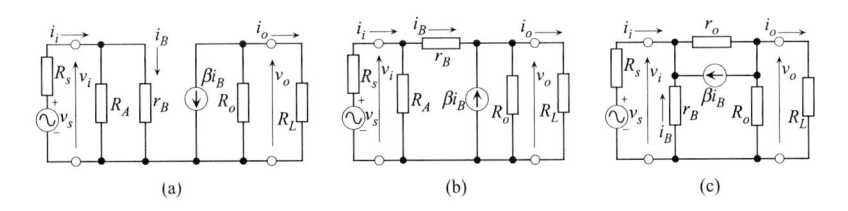

図 3.12 制御電源を含む回路（トランジスタのエミッタ接地 (a)，コレクタ接地 (b)，ベース接地 (c) 増幅回路に信号源 v_s と負荷 R_L を接続した回路）

4. 半導体素子の特性と小信号等価回路

4.1 ダイオードの電流電圧特性

pn 接合ダイオードがすべての半導体素子の基礎であるといっても過言ではない．バイポーラトランジスタの特性も pn 接合ダイオードの理論を用いて表される．

p 形半導体と n 形半導体を接合させると，p 形側から n 形側に正孔が移動し，n 形側から p 形側に電子が移動すると同時に界面にイオン化したドナーとアクセプタが残されるため，電子と正孔に対するエネルギー障壁が形成される．

pn 接合ダイオードの電流密度 J と電圧 V の関係は，

$$J = J_0 \left(e^{\frac{qV}{kT}} - 1 \right) \quad (4.1)$$

と表される．ここで，J_0 は逆方向飽和電流密度，k はボルツマン定数，T は絶対温度である．また，電流は p 形側から n 形側に流れる向きを正，電圧は p 形側が n 形側に対して正になる極性を正とする．電圧 V が正となる極性を，電流が流れやすいことから順方向，負となる極性を逆方向という．これを図示すると図 4.1 のようになる．

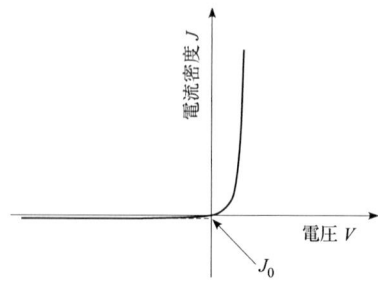

図 4.1　pn 接合ダイオードの電流電圧特性

逆方向電流密度 J_0 はきわめて低いので，通常の方法では逆方向の電流はほとんど測定されない．このため，逆方向に電圧を加えた場合は抵抗が無限大（off 状態）として扱われる場合が多い．

4.2 バイポーラ（pn 接合）トランジスタの原理と等価回路

バイポーラトランジスタ（pn 接合トランジスタ）は，きわめて薄いベースを挟んで 2 つの pn 接合が互いに逆向きに形成された素子である．一方の接合を順方向に，もう一方の接合を逆方向に電圧を加えて用いる．順方向から注入された少数キャリアが逆方向に電圧を加えられた接合に流入することが動作の基本である．

4.2.1 トランジスタの基本構造

トランジスタは互いに逆向きに接続された 1 対の pn 接合と同じ構成であるが，共通する部分（ベース）の厚さがきわめて薄い構造となっている．図 4.2 は npn トランジスタの構造を示したものである．

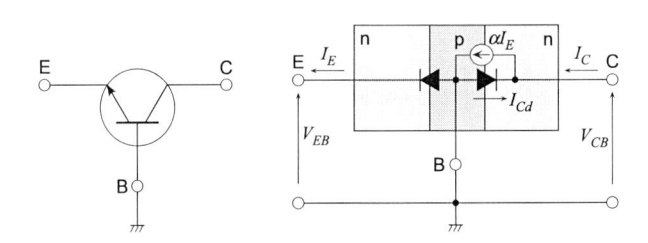

図 4.2 npn トランジスタの構造

図 4.2 では，2 つの n 形領域が狭い p 形領域を挟んで形成されている．中央の薄い p 形領域をベースという．順方向に電圧を加えてベース領域に少数キャリア（図 4.2 では電子）を流し込む（注入する）接合をエミッタ接合と呼び，エミッタ接合を形成している n 形領域をエミッタ領域という．逆方向に電圧を加え，ベース領域から少数キャリアを取り込む接合をコレクタ接合，コレクタ接合を形成する n 形領域をコレクタ領域という．

エミッタ領域からベース領域に注入された少数キャリア（電子）は，ベース領域の幅が極度に狭いため，ほとんど再結合せずにコレクタ接合に達する．このた

め，コレクタ接合には，ベース・コレクタ間の電圧とは無関係な電流が流れる．図 4.2 ではこの電流を αI_E という電流源（制御電流源）で表している．この α をベース接地電流増幅率という[*1)]．

4.2.2 ベース接地静特性

バイポーラトランジスタの静特性は，2 つの pn 接合で構成されているので，pn 接合ダイオードの電流電圧特性の式を用いて表すことができる．

npn トランジスタを図 4.2 のように考える．図 4.2 のような電圧の接続方法をベース接地という．ベース端子を接地しており，ベース・コレクタ間の電圧を V_{CB}，ベース・エミッタ間の電圧を V_{EB} とする．

トランジスタを動作させるには，エミッタ・ベース間の pn 接合に順方向電圧を加えて（$V_{EB} < 0$）順方向電流を流し，ベース領域に注入された少数キャリアをベース・コレクタ間の pn 接合に流入させる．コレクタ電流，エミッタ電流をそれぞれ I_C, I_E とし，図 4.2 中の矢印の方向を正とする．

ベース・コレクタの pn 接合が単純なダイオードとして働く場合に流れる電流を図の向きに I_{Cd} とすれば，コレクタ電圧，エミッタ電圧はダイオードの逆方向の極性となっているので，

$$I_{Cd} = I_{Cd0} \left\{ \exp\left(\frac{-qV_{CB}}{kT}\right) - 1 \right\} \tag{4.2}$$

$$I_E = I_{Ed0} \left\{ \exp\left(\frac{-qV_{EB}}{kT}\right) - 1 \right\} \tag{4.3}$$

ここで，I_{Cd0}, I_{Ed0} はそれぞれコレクタ，エミッタの pn 接合ダイオードの逆方向飽和電流である．

トランジスタは，ベース領域が薄いため，エミッタ接合から注入された少数キャリアによりコレクタ接合に逆方向電流の向きにエミッタ電流とほぼ等しい電流（αI_E）が流れる．

トランジスタの電流電圧特性は，これらを用いて，

$$I_C = -I_{Cd} + \alpha I_E \tag{4.4}$$

$$I_E = I_{Ed0} \left\{ \exp\left(\frac{-qV_{EB}}{kT}\right) - 1 \right\} \tag{4.5}$$

となる．これを図示すると図 **4.3** のようになる．

[*1)] 電流増幅率というが値は 1 より小さく，おおむね 0.99 程度である．

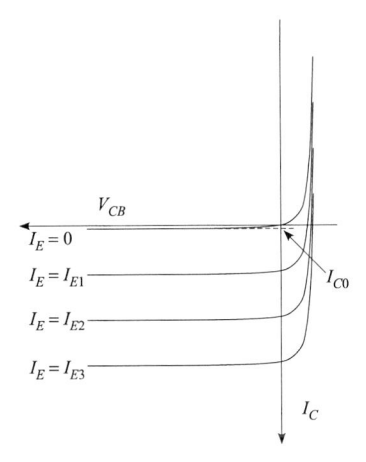

図 4.3 npn トランジスタのコレクタ電流–コレクタ電圧特性．電流・電圧の極性がダイオードと同じ向きで示されている．

エミッタ電流 I_E を流さない場合（$I_E = 0$）の電流電圧特性は，コレクタ pn 接合のダイオードとしての特性がそのまま現れる．比較すると明らかなように，図 4.3 で $I_E = 0$ の電流電圧特性は，図 4.1 に示したダイオードの電流電圧特性と等しい．

エミッタ接合に順方向電圧を加えて電流を流す（ベースに電子を注入する）と，注入されたキャリアがコレクタ接合に達するため，コレクタ pn 接合に逆方向電流と同じ向きに αI_E の電流が流れる．この電流はコレクタ接合に加えられる電圧に無関係なので，コレクタ接合の電流電圧特性は逆方向に αI_E だけ平行移動する．これがバイポーラトランジスタのベース接地電流電圧特性（静特性）である．

この特性だけみると，単にダイオードの電流電圧特性が電流軸方向に平行移動しているだけであるが，これをトランジスタのエミッタ電圧，コレクタ電圧の向きに変換すると，バイポーラトランジスタらしくみえる．図 4.4 は図 4.3 と同じ特性を，電流軸と電圧軸を反転させ，トランジスタのコレクタ電圧，コレクタ電流の極性にして示したものである．図 4.4 は図 4.3 と比べると，よりトランジスタの静特性らしくみえる．これがバイポーラトランジスタのベース接地静特性である．この接地方法（接続方法）は，トランジスタの基本原理を理解するためには有効であるが，実際の回路では次節で述べるエミッタ接地が多用されている．

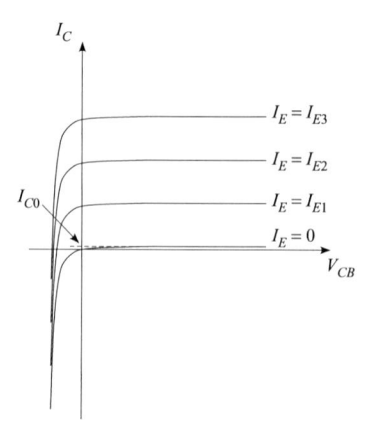

図 4.4 npn トランジスタのベース接地静特性．図 4.3 と同じ特性であるが，電流軸と電圧軸の極性を反転してトランジスタのコレクタ電流・電圧の向きとしている．

4.2.3 エミッタ接地静特性

バイポーラトランジスタは通常，図 **4.5** に示したようなエミッタ電極を共通の接地としたエミッタ接地で用いられる場合が多い．トランジスタは 3 端子素子であるため，どれか 1 つの電極が入力と出力に共通して使われる．図 4.2 はベース電極を接地して入力と出力両方に使っているので，ベース接地（またはベース共通）と呼ばれる．ベース接地では電流増幅率 α が 1 より小さいため，実質的な電流の増幅は行われない．

これに対して，エミッタを接地（共通）にしベースを入力として用いると，ベース電流の 100 倍近い電流がコレクタに流れるため，電流も電圧も増幅される．こ

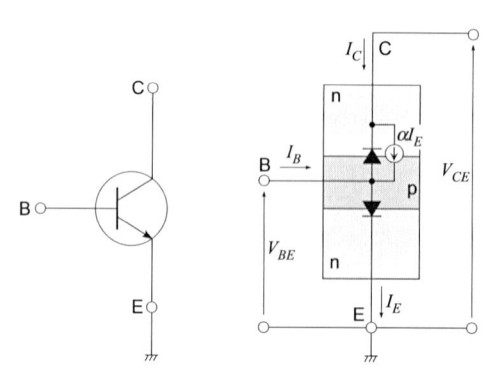

図 **4.5** npn トランジスタのエミッタ接地における電流・電圧の定義

のことから，実際の回路ではエミッタ接地が標準的に使用され，カタログ等でもエミッタ接地の特性が記載されている．

図 4.5 はバイポーラトランジスタをエミッタ接地で考えるためのモデルである．エミッタ電極が接地電極として入力と出力に共用されている．電圧は接地電極であるエミッタに対して定義され，入力となるベース電流と出力となるコレクタ電流はそれぞれ流入する向きに取られている．図 4.5 を図 4.2 と比較すると，ベース接地とエミッタ接地の電圧の間には，

$$V_{CE} = V_{CB} - V_{EB} \tag{4.6}$$

$$V_{BE} = -V_{EB} \tag{4.7}$$

の関係があることがわかる．コレクタ電流はベース接地の場合と大きさ，向きともに等しい．

エミッタ接地の静特性では，電圧軸はコレクタ・エミッタ間電圧 V_{CE} で表される．式 (4.6) から，コレクタ・エミッタ間電圧はコレクタ・ベース間電圧からエミッタ・ベース間電圧を差し引いた値となっている．ベース接地静特性の電圧軸は V_{CB} であるから，エミッタ接地の静特性はベース接地の静特性を電圧軸方向に V_{EB} だけ平行移動したものであると考えることができる．

これらの関係からエミッタ接地静特性を求めると，図 **4.6** のようになる．エミッタに I_E の電流を流すためには，エミッタ・ベース間に V_{EB} の電圧を加えなければならない．これにより，コレクタには $I_C \cong I_E$ の電流が流れる．ベース接地

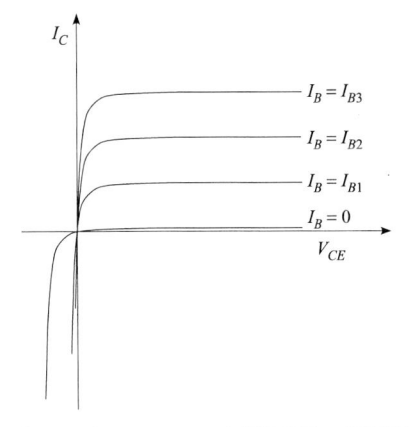

図 **4.6** npn トランジスタのエミッタ接地電流・電圧特性（静特性）

の静特性において，コレクタ電流を流さない（$I_C = 0$ とする）ためには，コレクタ接合に I_E とは逆向きにこれと同じ大きさの電流を流し込む必要がある．このためにはコレクタ接合に V_{CB} とは逆向きに $|V_{EB}|$ の電圧を加えなければならない．すなわち，図 4.4 において，$I_C = 0$ となる点の電圧が $-V_{EB}$ に等しいことになる．

エミッタ接地の静特性はベース接地の静特性を電圧軸方向に V_{EB} だけ平行移動したものであり，V_{EB} は図 4.4 で原点と $I_C = 0$ の点の差として現れるので，これを $I_C = 0$ の点が原点に重なるように電圧軸方向に平行移動して得られることになる[*2]．

図 4.6 は規格表などでしばしば見受けるバイポーラトランジスタの静特性の形となっている．通常は $V_{CE} \geqq 0$，$I_C \geqq 0$ の部分のみを示している．

4.3　バイポーラトランジスタの T 形等価回路

バイポーラトランジスタを用いた回路を解析するためには，その機能を等価的な電子回路で表現する必要がある．トランジスタでは電流は電圧に比例しているとは限らないので，一般的には抵抗で特性を表現できない．しかしながら，信号の振幅が十分に小さい場合は電流の変化と電圧の変化は比例しているとみなすことができるので，等価的な抵抗と制御電源を用いて特性を表現することができる．このような考えに基づいて，信号の振幅が小さいという条件下で導出した等価回路を小信号等価回路という．

バイポーラトランジスタの基本的な使用形態はエミッタ接地であり，等価回路も実際はエミッタ接地しか扱わないが，バイポーラトランジスタの基本原理はベース接地で考えるので，等価回路もベース接地を基本として導かれる．

4.3.1　ベース接地 T 形等価回路

図 4.2 に示したように，バイポーラトランジスタは互いに逆向きに接続した 1 対の pn 接合で構成されている．しかしながら，pn 接合ダイオードの電流電圧特性には指数関数が含まれるので，そのまま用いると解析が煩雑となる．そこで，

[*2] 厳密には $I_C = \alpha I_E$ なので，エミッタ接地で $I_C = 0$ のとき $V_{CE} = 0$ とはならないでわずかに正の値を示す．この電圧をオフセット電圧という．

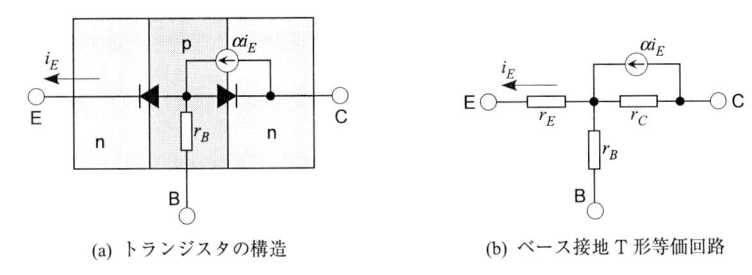

(a) トランジスタの構造 (b) ベース接地 T 形等価回路

図 4.7　npn トランジスタのベース接地 T 形等価回路

図 4.7 のように考える．

コレクタ接合，エミッタ接合の電流電圧特性は，厳密には指数関数であるが，扱う信号の振幅が十分に小さい場合（小信号動作）には，ダイオードを抵抗で近似できる．この場合，順方向に電圧が加えられているエミッタ接合の抵抗値 r_E は小さく，逆方向に電圧が加えられているコレクタ接合の抵抗値 r_C はきわめて大きな値となる．また，ベース領域はきわめて薄いので抵抗分 r_B を考えなければならない（図 4.2 では原理の説明を単純にするため r_B が省略されていた）．

バイポーラトランジスタを含む回路を解析するためには，トランジスタを図 4.7(b) の回路で置き換えて計算すればよい．通常の小信号増幅用トランジスタでは，r_E と r_B は数 kΩ 以下であり r_C は 100 kΩ 以上，$\alpha \cong 0.99$ である．

それぞれの等価抵抗が T 字形に配置されていることから，図 4.7(b) の等価回路を T 形等価回路という．この等価回路を用いて回路解析を行うことは稀であるが，バイポーラトランジスタの基本原理にほぼ忠実に基づいているため，トランジスタの特性自体を問題とする場合には好都合である．また，これを基本としてより扱いやすい等価回路が導かれている．

4.3.2　エミッタ接地 T 形等価回路

実際の回路でバイポーラトランジスタを用いる場合は，エミッタ接地が基本となっている．図 4.8 はベース接地とエミッタ接地について T 形等価回路を示したものである．

エミッタ接地とするには，単純に接地をベースからエミッタに換え，図 4.8(b) のようにすればよい．しかしながら，この場合，電流源がエミッタ電流 i_E で表されており，入出力特性等を計算する場合に不便である．

図 4.8 npn トランジスタのベース接地 T 形等価回路 (a) とエミッタ接地 T 形等価回路 (b), (c). (b) は単純に電極の位置を入れ替えたものであり, (c) は電流源を入力電流 i_B に対して定義し直したもの. 一般的に (c) の回路が用いられている.

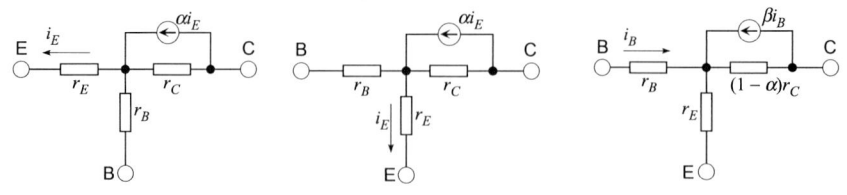

そこで, 図 4.8(b) から (c) のような変換を行う. すなわち, 電流源をベース電流に対して定義し βi_B とする. この β をエミッタ接地電流増幅率という. このようにしたとき, 図 4.8 で (b) と (c) がまったく同じ内容を表すためには,

$$\beta = \frac{\alpha}{1-\alpha} \tag{4.8}$$

となる必要があり, 電流源と並列に接続されるコレクタ抵抗を $(1-\alpha)r_C$ としなければならない.

4.4 その他の等価回路

前節で扱った T 形等価回路は, バイポーラトランジスタの基本原理に忠実に導かれたものであり, トランジスタをモデル化するためには好都合である. しかしながら, 回路解析上は必ずしも好都合ではない. そこで, 解析を簡単にするために様々な等価回路が考案されている.

等価回路は, 素子を特定の目的のためにモデル化したものであり, 素子の特性をすべて表現してはいない. 実際の解析では, 回路の特徴や解析の目的に応じて適切な等価回路を選ぶ必要がある.

4.4.1 h パラメータ

h パラメータはトランジスタの低周波における特性を表現するのに適しているため, しばしば等価回路として用いられる. 図 4.9 にエミッタ接地におけるトランジスタの T 形等価回路と h パラメータを示した.

エミッタ接地のトランジスタの等価回路として h パラメータを用いる場合は,

4.4 その他の等価回路

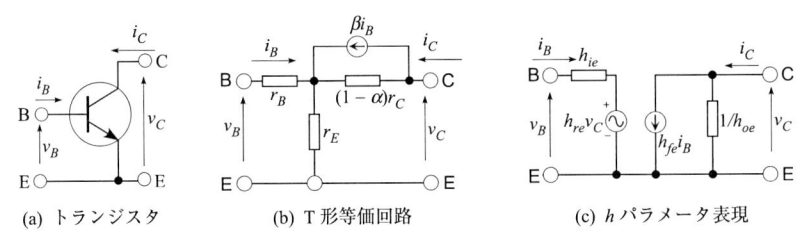

図 4.9 トランジスタの T 形等価回路と h パラメータ

(a) トランジスタ (b) T 形等価回路 (c) h パラメータ表現

ベース電流 i_B とコレクタ電圧 v_C を用いて，コレクタ電流 i_C とベース電圧 v_B を表す．すなわち，

$$v_B = h_{ie}i_B + h_{re}v_C$$
$$i_C = h_{fe}i_B + h_{oe}v_C \tag{4.9}$$

である．添え字の e はエミッタ接地を表し，i は入力，o は出力，f は順方向，r は逆方向を表している．

【例題 4.1】 h パラメータを T 形等価回路の要素で表せ．

【解】 図 4.10(a) の回路の入力側に電流源 i_B を，出力側に電圧源 v_C を接続し，中央の節点の電位を v_x とすれば，

$$i_B + \frac{0 - v_x}{r_E} + \beta i_B + \frac{v_C - v_x}{(1-\alpha)r_C} = 0 \tag{4.10}$$

であり，v_x は，

$$v_x = \frac{(1+\beta)i_B + \dfrac{v_C}{(1-\alpha)r_C}}{\dfrac{1}{r_E} + \dfrac{1}{(1-\alpha)r_C}} \tag{4.11}$$

となる．ここで，

$$v_B = v_x + r_B i_B$$
$$i_C = \beta i_B + \frac{v_C - v_x}{(1-\alpha)r_C} \tag{4.12}$$

であり，これに v_x を代入し，$r_E \ll (1-\alpha)r_C$ を考慮すれば，

$$v_B = h_{ie}i_B + h_{re}v_C \cong \{(1+\beta)r_E + r_B\}i_B + \frac{r_E}{(1-\alpha)r_C}v_C$$
$$i_C = h_{fe}i_B + h_{oe}v_C \cong \beta i_B + \frac{1}{(1-\alpha)r_C}v_C \tag{4.13}$$

と近似できる．すなわち，

$$\begin{bmatrix} h_{ie} & h_{re} \\ h_{fe} & h_{oe} \end{bmatrix} \cong \begin{bmatrix} (1+\beta)r_E + r_B & \dfrac{r_E}{(1-\alpha)r_C} \\ \beta & \dfrac{1}{(1-\alpha)r_C} \end{bmatrix} \tag{4.14}$$

である．これを回路で表現すると図 4.10(b) のようになる．

(a) T 形等価回路

(b) h パラメータ表現（$r_E \ll (1-\alpha)r_C$）

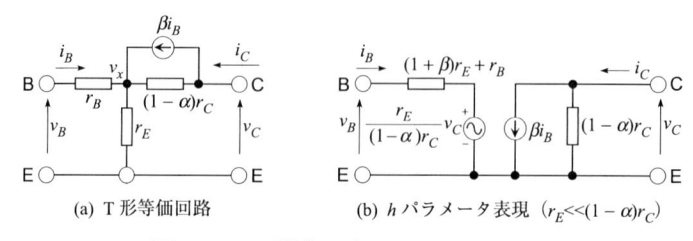

図 **4.10** T 形等価回路の h パラメータ計算

4.4.2 簡易等価回路

入力と出力を分離できれば回路計算はきわめて単純化される．図 4.9(a) のエミッタ接地 T 形等価回路では，エミッタ抵抗 r_E を介して入力と出力が結合しているため，回路計算が複雑になる．

そこで，図 4.9(b) または図 4.10(b) で $h_{re} \cong 0$ とした回路をトランジスタの等価回路として使用する．これは，$r_E \ll (1-\alpha)r_C$ とみなしたことになる．r_E は順方向にバイアスしたダイオードの抵抗に相当し，r_C は逆バイアス時の抵抗であるが，通常はこの近似が成立すると考えてよい．このようにして導いた等価回路をここでは簡易等価回路と呼ぶ．

図 **4.11** にトランジスタの記号と簡易等価回路を示した．h パラメータを用いた等価回路と比較すると，

$$h_{ie} = r_i$$

$$h_{re} = 0$$

図 **4.11** トランジスタの記号と簡易等価回路

$$h_{fe} = \beta$$
$$h_{oe} = \frac{1}{r_o} \tag{4.15}$$

となっている．

通常使用する動作領域では，$r_E \ll (1-\alpha)r_C$ とみなせるので，この等価回路で十分正確に解析できる．本書では基本的にこの等価回路をトランジスタの等価回路として使用している．

4.4.3 高周波等価回路

高周波領域ではキャパシタのインピーダンスが低くなるので，キャパシタ成分を無視できなくなる．図 **4.12** はキャパシタ成分を考慮したトランジスタの高周波等価回路である．

コレクタとエミッタは間にベースを介しており，コレクタ接合は逆バイアス状態で使用するので，コレクタ・エミッタ間の静電容量は無視する．エミッタ接合は順方向にバイアスされるので，エミッタ・ベース間の容量 C_{be} は比較的大きな値となる．コレクタ・ベース間容量 C_{cb} は比較的小さい値であるが，信号の帰還に関係するので無視できない．このような考えに基づいた高周波等価回路が図 4.12(a) である．$r_{bb'}$ はベース電極とベース領域間の抵抗，$r_{b'e}$ はベース領域とエミッタの間の抵抗である．図 4.12 中の r_c は T 形等価回路のコレクタ抵抗 r_C とは異なる値であり，むしろ簡易等価回路の r_o と同じ値と考えてよい．

図 4.12(a) の回路はコレクタ・ベース間容量 $C_{b'c}$ が入力側と出力側を結んでいるので，この等価回路を用いると解析が煩雑になる．そこで容量成分をすべてエミッタ・ベース間で考え，等価的な値として C_t を考えた図 4.12(b) のような簡易

(a) 高周波等価回路 (b) 簡易高周波等価回路

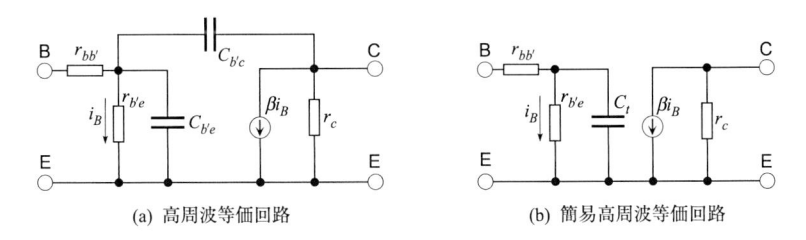

図 **4.12** トランジスタの高周波等価回路．図中の r_c は T 形等価回路のコレクタ抵抗 r_C とは異なる値であり，むしろ簡易等価回路の r_o と同じ値と考えてよい．

高周波等価回路がしばしば用いられる．

トランジスタの高周波特性は，物性論的にはキャリアがベースを走行するのに要する時間で上限が決められるが，実際の素子では電極間の容量成分で制限されている．このことから，トランジスタの高周波特性を考慮する必要がある回路では，図 4.12(b) の等価回路が用いられる場合が多い．

【例題 4.2】 図 4.12(a) の回路が近似的に図 4.12(b) の回路となることを示せ．

【解】 図 **4.13** のように負荷抵抗 R_L をコレクタ・エミッタ間に接続したとき，ベース・コレクタ間容量 $C_{b'c}$ に流れる電流が近似的にベース電圧 $v_{b'}$ で表現できることに基づいている．

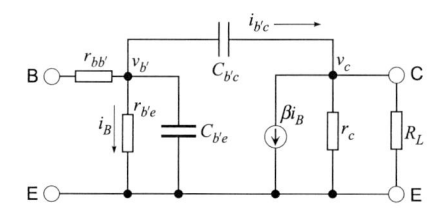

図 **4.13** トランジスタの簡易高周波等価回路の導出

コレクタ端について節点法で考えると，

$$\frac{v_{b'} - v_c}{\dfrac{1}{j\omega C_{b'c}}} + (-\beta i_B) + \frac{0 - v_c}{r_c} + \frac{0 - v_c}{R_L} = 0 \tag{4.16}$$

が成立する．ここで，$i_B = v_{b'}/r_{b'e}$ であるから，

$$v_c = \frac{j\omega C_{b'c} - \beta \dfrac{1}{r_{b'e}}}{j\omega C_{b'c} + \dfrac{1}{r_c} + \dfrac{1}{R_L}} v_{b'} \tag{4.17}$$

である．したがって容量 $C_{b'c}$ に流れる電流 $i_{b'c}$ は，

$$i_{b'c} = \frac{v_{b'} - v_c}{\dfrac{1}{j\omega C_{b'c}}} \cong j\omega C_{b'c} \left(1 + \beta \frac{R_L}{r_{b'e}}\right) v_{b'} = j\omega C'_{b'e} v_{b'} \tag{4.18}$$

$$C'_{b'e} \equiv C_{b'c} \left(1 + \beta \frac{R_L}{r_{b'e}}\right) \tag{4.19}$$

となる．ただし，$r_c \gg R_L$ であり，$\omega \ll 1/C_{b'c}R_L$ すなわち $1 \gg \omega C_{b'c} R_L$ とする．

この結果から，コレクタ・ベース間容量 $C_{b'c}$ を取り去って，代わりに容量 $C'_{b'e}$ をベース・エミッタ間容量 $C_{b'e}$ に並列に付け加え $C_t = C_{b'e} + C'_{b'e}$ とすると，入力側からみた回路は等価であることがわかる．

また，出力側でも $\omega \ll 1/C_{b'c}R_L$，すなわち $R_L \ll 1/\omega C_{b'e}$ であればコレクタ・ベース間容量 $C_{b'c}$ に流れ込む電流は負荷 R_L の電流に比べて無視できることになり，コレクタ・ベース間容量 $C_{b'c}$ を取り去っても大きな影響は現れない．

したがって，図 4.12(a) の回路は (b) のように近似できることになる．この近似が成立するには，$r_c \gg R_L$ かつ $\omega \ll 1/C_{b'c}R_L$ でなければならない．r_c は逆バイアスしたコレクタ接合の抵抗に関係する値なので通常十分に大きいと考えてよい．また，$C_{b'c}$ よりも $C_{b'e}$ が大きいので，周波数を高くしていったとき $C_{b'c}$ の効果よりも低い周波数で $C_{b'e}$ の影響が現れる．したがって通常使用する周波数領域は $\omega \ll 1/C_{b'c}R_L$ と考えてよい．

4.5　FET とその等価回路

電界効果トランジスタ（FET, field efect transistor）は，ゲート電圧によって誘起された電荷を利用した素子である．ベースに注入した少数キャリアによって動作するバイポーラトランジスタに比べて，入力インピーダンスが高く，入力と出力が電気的に独立しているので回路設計が容易である．この特徴を利用して高周波電力増幅回路や高入力インピーダンス増幅回路などに用いられている．ただし，オン状態の抵抗がバイポーラトランジスタよりも大きいため，大電力を扱う場合等に問題となることがある．

4.5.1　FET の動作原理と静特性

容量 C のキャパシタに電圧 V を加えると，負電圧側の極板には $Q = -CV$ の電荷が誘起される．極板ではこの電荷量に相当するだけ電子が増えるので抵抗が低くなるはずである．この原理に基づいた素子が FET である．

図 4.14 は FET とキャパシタを比較して示したものである．図 4.14(a) のキャパシタでは電極が金属であり，誘起された電荷による抵抗変化は無視できるが，図 4.14(b) のように電極の一方を半導体にすると，半導体はもともと存在するキャリア（電子）が少ないため相対的に変化分が大きく現れる．

図 4.14(c) のように半導体に電圧を加えると電流が流れる．このとき，キャリア（電子）を流し込む電極をソース，流し込んだキャリアを集める電極をドレイン，キャパシタの他の極板に相当する電極をゲートという．ソース電極を接地し，ソース・ドレイン間に電圧 V_D を加えるとドレイン電流 I_D が流れる．このとき，

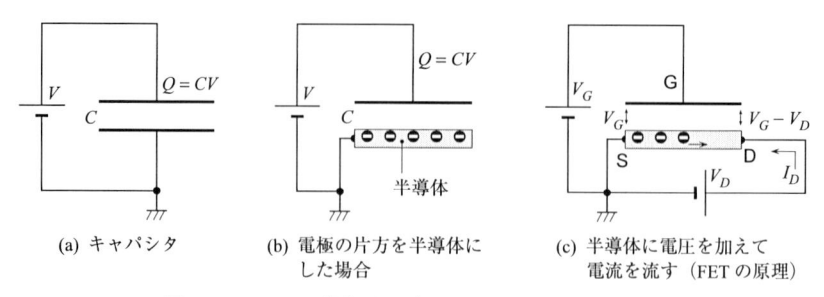

図 4.14　FET の動作原理（キャパシタと FET の比較）

(a) キャパシタ　(b) 電極の片方を半導体にした場合　(c) 半導体に電圧を加えて電流を流す（FET の原理）

ゲート電圧を V_G とすれば，ソース電極に近い領域ではゲート電極と半導体の間に V_G の電圧が加えられているがドレイン電極に近い領域では $V_G - V_D$ しか加えられていないことになる．

ドレイン電圧 V_D を大きくすればドレイン電極近くの抵抗が高くなり，$V_G = V_D$ になると電圧が加えられていない状態になる．あらかじめ半導体に存在する電子が無視できる程度に少なければ，$V_G = V_D$ で抵抗が限りなく大きくなり，これ以上電流は増加しなくなる．この状態をピンチオフという．すなわち，ゲートに一定の電圧 V_G を加えた状態で，ドレイン電圧 V_D を増加させると，最初はドレイン電流 I_D はドレイン電圧の増加とともに増加していくが，ピンチオフ点に達するとそれ以上増加しなくなる．

ゲート電圧 V_G を増すと，半導体中に誘起される電子が多くなるので抵抗がより低くなり電流がより流れやすくなる．また，ピンチオフは $V_G = V_D$ で生じるので，より高いドレイン電圧まで電流が増加する．

図 4.15 に FET の電流電圧特性（静特性）を示した．ピンチオフ以上のドレイン電圧では，ドレイン電流が増加せず一定の値となる．このドレイン電流の値を飽和ドレイン電流という．

図 4.15 の破線はゲート電圧を変化させたときのピンチオフ点の軌跡を示したものである．FET はピンチオフ点を超えて電流が一定になった領域で使用する．

4.5.2　FET の等価回路

FET はゲート電圧により誘起されたキャリアによる電流制御に基づいているので，FET の等価回路はキャパシタと電流源の組合せで表すことができる．図 4.16 に FET の基本原理，回路記号，等価回路を示した．比較的低い周波数では，

4.5 FET とその等価回路

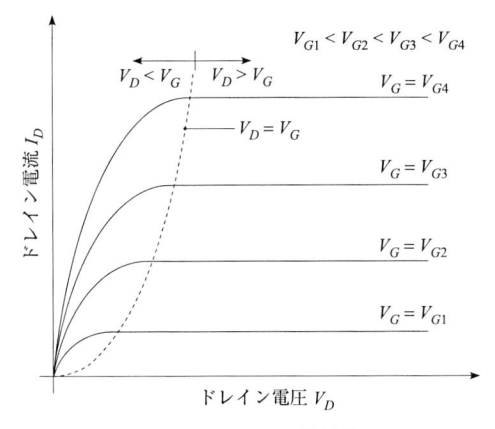

図 4.15 FET の静特性

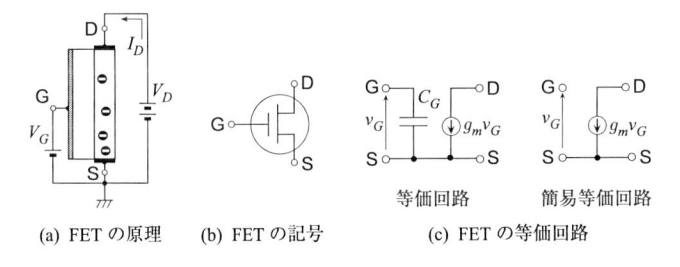

図 4.16 FET の簡易等価回路. 高周波ではこれらに加えてソース・ドレイン間やドレイン・ゲート間の寄生静電容量の効果が無視できなくなり，等価回路はより複雑になる．

(a) FET の原理　(b) FET の記号　(c) FET の等価回路

ゲート容量の効果が現れないので，入力部分は無限大のインピーダンスをもつ端子で近似できる．これが図に示した簡易等価回路である．

比較的低い周波数で用いる場合，FET は入力インピーダンスが無限大に近い素子として扱うことができる．このことを利用して，高入力インピーダンス増幅器の入力部分の素子として用いられている．

FET を高周波で使用すると，ゲートキャパシタのインピーダンスが低くなるため，入力インピーダンスを無限大とはみなせなくなる．加えて，ソース・ドレイン間の寄生静電容量やドレイン・ゲート間の寄生静電容量の効果も無視できなくなる．

演 習 問 題

4.1 図 **4.17** のバイポーラトランジスタについて以下の問に答えよ．ただし，温度は室温（300 K）であり，$I_{Ed0} = 2 \times 10^{-6}$A，$I_{Cd0} = 1 \times 10^{-7}$A，$\alpha = 0.99$ とする．

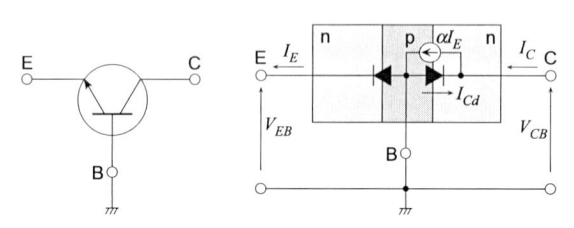

図 **4.17** npn トランジスタの構造

a) 通常の動作状態となるように電圧を加え，エミッタに流す電流を 0 から 20 mA ごとに 100 mA まで変化させたとき，コレクタ・ベース間電圧 V_{CB} とコレクタ電流 I_C の関係を求めて図示せよ．ただし，コレクタ電圧の範囲は -0.5 V から $+2$ V とする．

b) 上記の動作範囲で，エミッタ接地の静特性を求めて図示せよ．

4.2 図 **4.18** はエミッタ接地で動作しているトランジスタについて，コレクタに流れる電流をエミッタ電流に対して定義した場合 (a) とベース電流に対して定義した場合 (b) の T 形等価回路を示したものである．これらの h パラメータを求めて比較し，2 つの回路が同一の h パラメータとなるための条件を示せ．

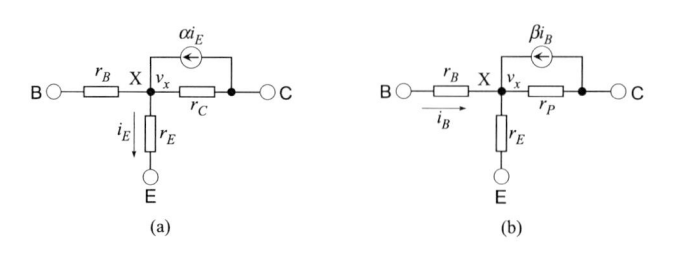

図 **4.18** npn トランジスタのエミッタ接地 T 形等価回路．(b) は電流源を入力電流 I_B に対して定義し直したもの．

5. バイアス回路の設計（直流バイアスの計算方法）

トランジスタを動作させるためには，ベース・エミッタ間の pn 接合に順方向電圧を加え，ベース・コレクタ間の pn 接合に逆方向電圧を加えておかなければならない．このような目的で，素子にあらかじめ加えておく電圧をバイアス電圧という．

5.1 動作点とバイアス回路

直流バイアスの設計は，重ね合わせの定理を根拠に，交流信号の電圧源を短絡して直流に対する部分のみで考える．まず，直流バイアス電圧に比べて交流信号の振幅が小さい場合について考える．

5.1.1 直流成分の取出し

重ね合わせの定理によれば，直流電源に対する特性と，信号入力に対する特性をそれぞれ別々に計算し，結果を重ね合わせると実際の電流・電圧が得られることが示されている．そこで，直流バイアスを設計する場合には信号源を短絡（電圧源の場合）して計算する．同様に交流信号に対する特性を計算する場合は，直流電源は短絡して考える．

電子回路では，直流バイアス回路と交流信号回路をそれぞれ独立に取り扱う．このような取扱いの理論的根拠となるのがこの重ね合わせの定理である．重ね合わせの定理を利用すれば，直流電源と交流電源が同時に存在する回路を解析することが可能である．

図 5.1 はこの考え方に基づいて，実際の回路から直流成分だけを取り出して示したものである．通常，直流電源は描かれていないが，実際に動作させるには所定の電源を接続しなければならない．したがって，直流に対しては図 5.1(b) のよ

(a) 回路全体

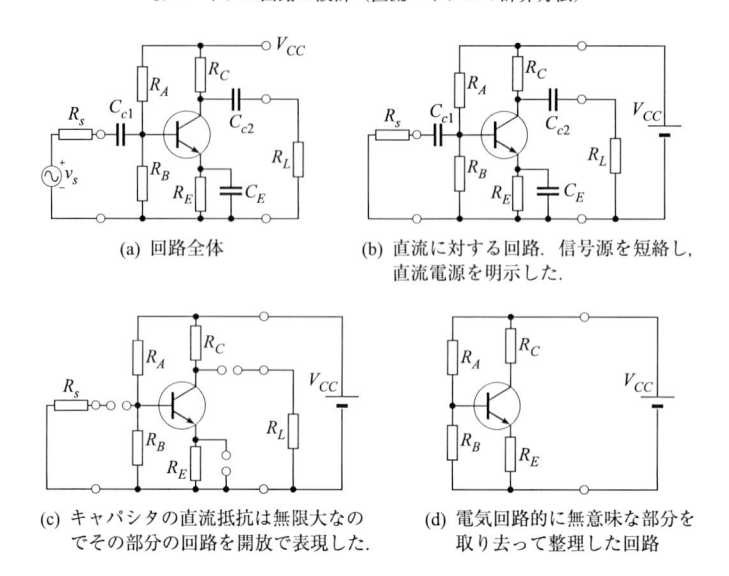

(b) 直流に対する回路．信号源を短絡し，直流電源を明示した．

(c) キャパシタの直流抵抗は無限大なのでその部分の回路を開放で表現した．

(d) 電気回路的に無意味な部分を取り去って整理した回路

図 5.1　実際の回路から直流成分を取り出す考え方．重ね合わせの定理が根拠となっている．

うになる．

回路に含まれているキャパシタは，直流的には無限大の抵抗と考えられるので，キャパシタ部分は直流的には回路を開放していることになる．この様子を図 5.1(c) に表した．これを整理すると図 5.1(d) のようになる．直流設計にはこの回路を用いればよい．

5.1.2　小信号増幅回路における動作点とバイアス

入力信号により，ベース電流が変化するとコレクタ電流がそれに応じて変化し，負荷両端には大きな電圧変化が現れる．図 5.2 にこの様子を示した．コレクタ・エミッタ間電圧を V_{CE}，電源電圧を V_{CC} とすれば，負荷抵抗 R_L を流れる電流（すなわちコレクタ電流）I_C は，

$$I_C = \frac{V_{CC} - V_{CE}}{R_L} = -\frac{1}{R_L}V_{CE} + \frac{1}{R_L}V_{CC} \tag{5.1}$$

である．コレクタ・エミッタ間電圧 V_{CE} を横軸（x 軸）に，コレクタ電流 I_C を縦軸（y 軸）とすれば，この式は，傾きが $-1/R_L$，y 切片が V_{CC}/R_L，x 切片が V_{CC} の直線である．静特性と同時に図示すると図 5.2 右中の直線のようになる．

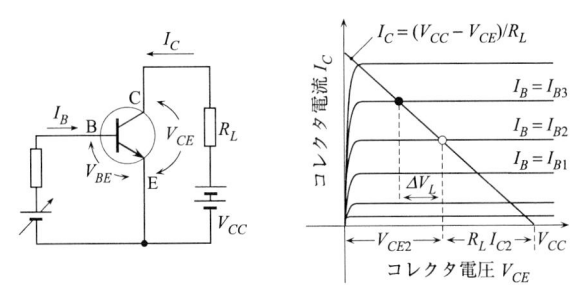

図 5.2 トランジスタの動作点

　信号が入力されていない状態で，トランジスタが図中の白丸（○）で示された状態にあるとする．この状態で，ベースにはベース電流が I_{B2} だけ流入し，このためコレクタにはコレクタ電流 I_{C2} が流れている．これによる負荷抵抗両端の電位差は $R_L I_{C2}$ であり，コレクタ・エミッタ間電圧は $V_{CE2} = V_{CC} - R_L I_{C2}$ となっている．

　この状態で，入力信号によりベース電流がわずかに増加し，I_{B3} になったとすれば，コレクタ電流は I_{C3} となり，回路の状態は○印の点から●印の点に移動する．この，○から●への変化が出力であり，ベースにおける電流・電圧の変化（入力）に比べてはるかに大きい．すなわち，信号が増幅されることになる．

　このように，トランジスタを用いて信号を増幅するには，あらかじめトランジスタに直流電流を流しておき，そこを基準にして，入力信号により電流・電圧を変化させる．この，基準となる（無入力時の）直流電圧または電流をバイアス電圧またはバイアス電流という．また，これらの値で表される点を基準としてトランジスタが動作するので，この点を動作点という．

5.2　トランジスタ小信号増幅回路におけるバイアス抵抗の決定

　トランジスタを正常に動作させるには，エミッタ接合が順方向に，コレクタ接合が逆方向にバイアスされていなければならない．独立した2つの電源を用いてそれぞれにバイアス電圧を加える方法を固定バイアスというが，実際の回路ではほとんど用いられない．

　単一の電源を抵抗で分圧すれば，任意の電圧をつくり出すことができる．この

ことを利用して，単一電源でコレクタ接合とエミッタ接合にそれぞれ必要なバイアス電圧を加える方法が一般的である．

5.2.1 電流帰還自己バイアス回路

最も一般的に用いられているバイアス回路は，電流帰還自己バイアス回路と呼ばれるものである．図 **5.3** にこの回路を示した．電源電圧 V_{CC} を R_A，R_B の2つの抵抗で分圧してベースに加えることにより，ベースのバイアス電圧を決めると同時に，コレクタ抵抗 R_C の電圧降下により，コレクタのバイアス電圧を決める方法である．さらに，トランジスタの特性が温度等で変動した場合に，バイアス電圧の安定度を増すために，エミッタ抵抗 R_E を用いている．

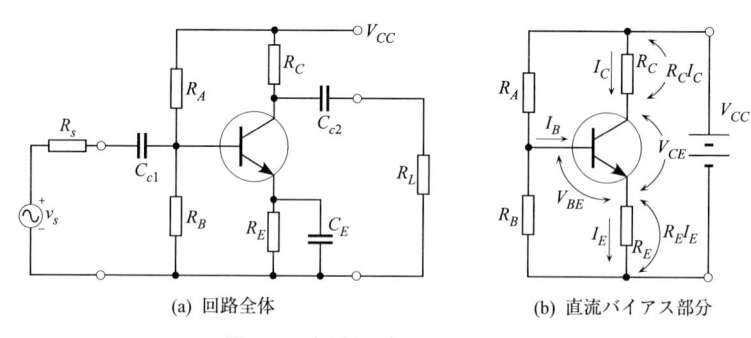

図 **5.3** 電流帰還自己バイアス回路

(a) 回路全体　　(b) 直流バイアス部分

エミッタ抵抗 R_E は，帰還効果により，エミッタ電流 I_E を安定化する働きをしている．温度上昇などによりエミッタ電流（$\cong$ コレクタ電流 I_C）が増すと，エミッタ抵抗での電圧降下 $R_E I_E$ が大きくなるため，エミッタ電極の電位が上昇する．このため，ベース・エミッタ間の順バイアスの値が小さくなり，エミッタ電流を減少させる方向に働く．逆に，なんらかの原因でエミッタ電流が減少する場合には，電圧降下 $R_E I_E$ が小さくなり，ベース・エミッタ間電圧が大きくなりエミッタ電流が増す方向に働く．このように，エミッタ抵抗 R_E によってトランジスタの動作点が安定に保たれている．

5.2.2 小信号増幅回路におけるバイアス抵抗の決め方

バイアス抵抗の値を決めるには，図 **5.4** に示すように，コレクタ接合とエミッ

5.2 トランジスタ小信号増幅回路におけるバイアス抵抗の決定

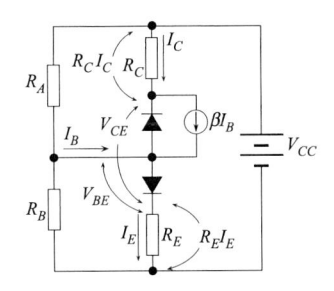

図 5.4 バイアス抵抗値を決めるための等価回路

タ接合をダイオードで置き換え，ベース・コレクタ間に $\alpha I_E = \beta I_B$ の電流源を設けた等価回路を用いて考える．

電源電圧 V_{CC} とコレクタ電流 I_C の値は，回路の仕様やトランジスタの特性で決まる．コレクタ抵抗 R_C，エミッタ抵抗 R_E の値は，トランジスタの動作点（無信号時の状態）から決める．一般的な小信号線形動作では，コレクタ抵抗での電圧降下とトランジスタのエミッタ・コレクタ間の電位差がほぼ等しくなるようにする．

エミッタ抵抗は信号の増幅には無関係で，ここで消費される電力はすべて回路の損失となる．このため，大きくすると回路の安定度が増すが，電力効率を考えると，あまり大きな値にはしないのが通例である．一般には，コレクタ抵抗の 1/5 ～1/10 の値が用いられる．

これらのような配慮から，電源電圧 V_{CC}，コレクタ電流 I_C，抵抗とトランジスタの電圧比（$R_C I_C : V_{CE} : R_E I_E (\cong R_E I_C)$）が決められ，これによりコレクタ抵抗 R_C とエミッタ抵抗 R_E の値が決まる．

ベース回路の抵抗 R_A と R_B は，コレクタ電流 I_C を所定の値とするために必要なベース電流 I_B の値を考慮して決定される．コレクタ電流はベース電流の β 倍（または h_{FE} 倍）となるので，コレクタ電流が決まれば，必要とされるベース電流の値も決まる．

抵抗 R_A に流れる電流を I_1 とすれば，抵抗 R_B に流れる電流は $I_1 - I_B$ である．したがって，抵抗 R_A での電圧降下は $R_A I_1$，抵抗 R_B での電圧降下は $R_B(I_1 - I_B)$ となる．トランジスタが正常に動作するためには，ベース・エミッタ間が順方向にバイアスされていなければならない．ベース・エミッタ間電圧 V_{BE} すなわちベースの電位 $R_B(I_1 - I_B)$ とエミッタの電位 $R_E I_E$ の差は，pn 接合ダイオード

の順方向立ち上がり電圧に相当する値となることが必要である．

これらのことを考慮して R_A, R_B の値を決定すればよい．実際には V_{BE} の値を適当な方法で定め，$R_E I_E$ の値と V_{BE} の値からベースの電位を定める．さらに，I_1 の一部が分留されてベース電流 I_B となるのであるから，I_1 は I_B よりも十分大きいことが必要である．そこで，I_1 の値を適当に（I_B の数倍程度）選ぶことにより，R_A, R_B の値が決まる．

【例題 5.1】 トランジスタを動作させるためのバイアス回路の抵抗値を決定せよ．電源電圧 V_{CC} は 12 V で，トランジスタのエミッタ接地電流増幅率 β (h_{FE}) は 100 とする．抵抗の値は，端数を処理して市販されている抵抗の抵抗値の中で最も近い値とする．

【解】 以下の手順で計算する．なお，市販の抵抗の抵抗値やトランジスタの特性にはばらつきがあるので，2 桁以上の数値はあまり意味がない．

1) コレクタ抵抗 R_C 両端の電位差，エミッタ・コレクタ間電圧 V_{CE}，エミッタ抵抗 R_E 両端の電位差それぞれの比を決め，それぞれの電圧を定める（[例] 5：5：2 とすれば，それぞれ 5 V，5 V，2 V となる）．
2) 無入力時のコレクタ電流（コレクタバイアス電流）I_C を決める（[例] 5 mA とする）．一般に，この値は回路の仕様から決まり，それにふさわしい特性のトランジスタを選ぶことになる．
3) コレクタ抵抗両端の電位差とコレクタ電流からコレクタ抵抗の値を決め，エミッタ電流はコレクタ電流とほぼ等しいと考えて同様な計算でエミッタ抵抗の値を算出する（[例] $R_C = 5$ V/5 mA $= 1$ kΩ，$R_E = 2$ V/5 mA $= 400$ Ω）．
4) エミッタ・ベース間電圧 V_{BE} を 0.6 V として，ベースの電位すなわち抵抗 R_2 両端の電位差を求める（[例] $2 + 0.6 = 2.6$ V）．
5) コレクタ電流 I_C とトランジスタの h_{FE} からベース電流を求める（[例] $I_B = I_C/h_{FE} = 5$ mA/100 $= 0.05$ mA）．
6) 抵抗 R_A に流す電流を，ベース電流 I_B の数倍の値に決め（[例] 5 倍とすれば 0.25 mA），両端の電位差と電流値から R_A, R_B の値を求める（[例] $R_A = (12 - 2.6)$ V/0.25 mA $\cong 38$ kΩ，$R_B = 2.6$ V/(0.25 - 0.05) mA $\cong 13$ kΩ）．

このように，バイアス回路の設定には，かなりの自由度がある．これを最適な値とするには経験的な知識が重要である．

5.3 小信号増幅における FET のバイアス回路

FET のゲート電極は直流的には開放として扱われるのでバイアス回路の設計はトランジスタに比べるとはるかに容易である．一般的な回路を図 **5.5** に示した．

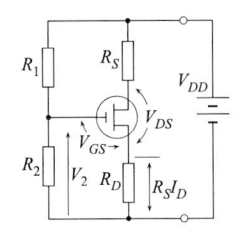

図 5.5　FET のバイアス回路

　FET では，動作点に対応するソース・ゲート間電圧 V_{GS} は，電源電圧 V_{DD} を抵抗で分圧してつくる．図 5.5 の回路で，アースに対するゲートの電位を V_2，分圧抵抗を R_1, R_2 とすれば，ゲートには電流が流れ込まないので，$V_2 = V_{DD}R_2/(R_1+R_2)$ である．トランジスタの電流帰還自己バイアス回路と同様，図 5.5 のように，安定化のためにソースと直列に抵抗 R_S を接続する場合がある．この場合，ゲート・ソース間電圧は，$V_{GS} = R_2V_{DD}/(R_1+R_2) - R_SI_D$ となる．

　あらかじめゲート・ソース間に負電圧を加えておく必要がある場合には，電源電圧を分圧しただけでは負電圧が得られないので，ソースに直列に抵抗 R_S を接続し，ソースの電位を高くすることによりゲートの電位をソースの電位よりも低くする．ゲート・ソース間電圧は，$V_{GS} = R_2V_{DD}/(R_1+R_2) - R_SI_D$ となるので R_1, R_2, R_S の値を適当に選ぶことにより，ゲート電極の電位をソース電極に対して負の値にすることができる．

【例題 5.2】 図 5.6 はある FET の静特性である．この FET を電源電圧 12 V，ドレインバイアス電流 50 mA で使用する場合のバイアス回路を設計せよ．

【解】 図 5.5 のようなバイアス回路を用い，$V_{DD} = 12$ V とする．トランジスタの場合と同様に考え，$V_{DS} = 6$ V，$R_DI_D = 5$ V，$R_SI_D = 1$ V とすれば，$I_D = 50$ mA であるから，$R_D = 5/0.05 = 100$ Ω，$R_S = 1/0.05 = 20$ Ω となる．また，ドレイン電流を 50 mA 流すためには，図 5.6 から，$V_{GS} = 0.7$ V となる．ソース抵抗 R_S のために，ソース電極の電位が 1 V であるから，ゲート電極の電位は 1.7 V でなければならない．したがって，

$$V_G = V_2 = \frac{R_2}{R_1 + R_2}V_{DD} = 1.7 \quad [\text{V}]$$

より，$R_2 = 20$ kΩ とすれば，$R_1 \cong 121$ kΩ となる．

図 5.6　FET の静特性

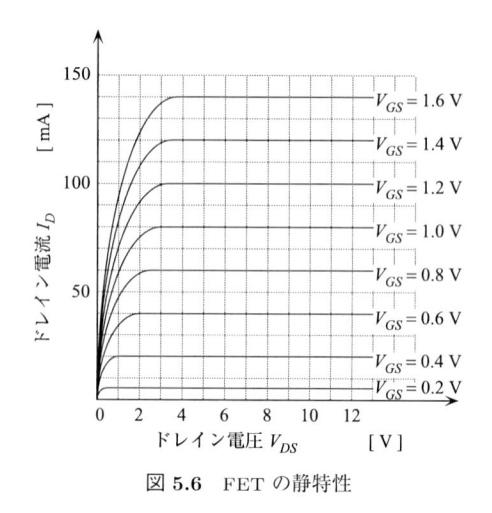

5.4　大振幅動作におけるバイアス点の考え方

　小振幅動作では動作点を電源電圧の 1/2 程度のところに設定すれば問題はないが，大振幅で動作させる場合には注意が必要となる（付録 B 参照）．図 5.7 は直流バイアスに対する回路と，交流信号に対する回路を示している．直流に対しては R_C だけが負荷となり，コレクタ電圧の変化に対して $1/R_C$ に比例してコレクタ電流が変化する．しかしながら，交流信号に対しては R_C に加えて R_L も負荷となるので，コレクタ電圧の変化に対してコレクタ電流は $1/R_C + 1/R_L$ に比例した変化を示す．

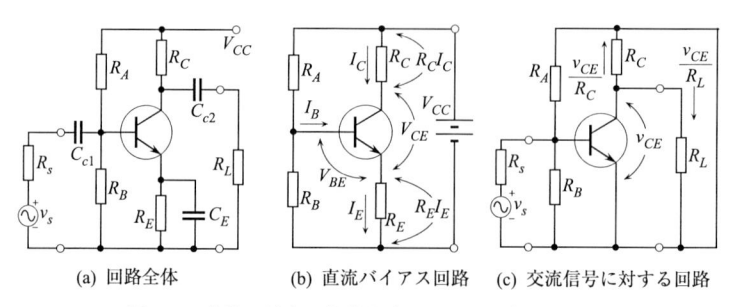

図 5.7　直流に対する負荷と交流に対する負荷の比較

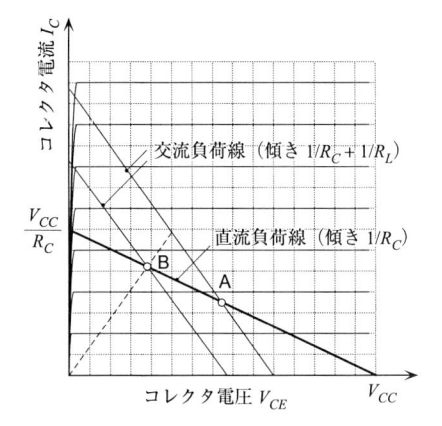

図 5.8 直流に対する負荷と交流に対する負荷の比較

この現象を静特性上の負荷直線で表現すると図 5.8 のようになる．直流負荷直線は傾きが $1/R_C$ で電圧軸と V_{CC} で，電流軸と V_{CC}/R_C で交わる直線となる．交流信号に対しては電圧に対する電流の傾きが $1/R_C + 1/R_L$ となり，電圧変化に対して直流負荷線よりも急峻な電流の変化が生じる．信号が入力されず交流出力がない場合には回路の電流・電圧は直流動作点の値となるので，交流負荷線は直流動作点を通る傾き $1/R_C + 1/R_L$ の直線で表される．

直流負荷線の中点 A を直流バイアス点とした場合，小振幅動作では問題は生じないが，出力の振幅が大きくなると電圧が増加する側すなわち電流が減少する側では，逆側に比べて変化できる範囲が狭くなっている．このため，出力振幅を大きくすると高電圧側（小電流側）で波形が飽和し出力波形に歪みが生じる．

これに対して，図 5.8 の B 点のように交流負荷線の中点と直流負荷線が交わる位置にバイアス点を移動させると，出力信号は電圧が増加する側も減少する側も振幅の余裕が等しくなり，無歪みで出力できる振幅の最大値が得られる．

このような現象は，出力電圧の振幅が電源電圧の 1/2 に近い大振幅動作において問題となり考慮の必要が生じる．出力が電源電圧の 1/10 以下であるような小振幅動作では考慮しなくてよい．

演 習 問 題

5.1 図 5.9 の回路について，以下の手順でバイアス抵抗の値を決めよ．ただし，直

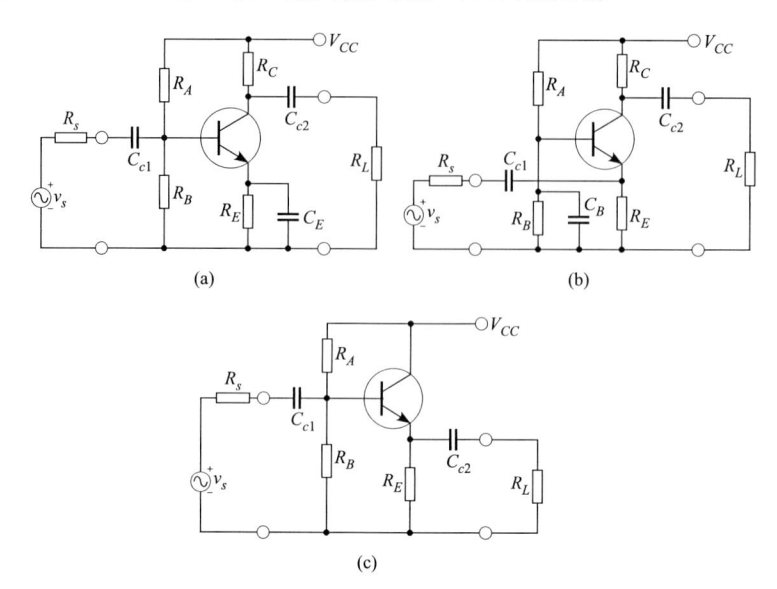

図 5.9 バイポーラトランジスタの様々なバイアス回路

流電源電圧を 24 V，トランジスタの直流における h_{FE}（または直流電流増幅率 β）を 100，ベース・エミッタ間の直流電位差を 0.6 V とする．

a) 図 5.9(a) はエミッタ接地増幅回路である．直流電源に対する回路を取り出して図示せよ．さらに，エミッタ・コレクタ間の直流電位差をコレクタ抵抗両端の直流電位差とほぼ等しい値，エミッタ抵抗による直流損失を適切な値とし，無入力時（$v_s = 0$）のコレクタ電流が 10 mA となるように R_A, R_B, R_C, R_E を決めよ．

b) 図 5.9(b) はベース接地増幅回路である．直流電源に対する回路を取り出して図示せよ．さらに，コレクタ抵抗両端の直流電位差とエミッタ・コレクタ間の直流電位差をほぼ等しい値，エミッタ抵抗の直流電圧降下を電源電圧の 1/4 前後の値とし，コレクタの直流電流が 5 mA となるように R_A, R_B, R_C, R_E を決めよ．

c) 図 5.9(c) はコレクタ接地増幅回路である．直流電源に対する回路を取り出して図示せよ．さらに，エミッタ抵抗両端の直流電位差とエミッタ・コレクタ間の直流電位差をほぼ等しい値とし，コレクタの直流電流が 50 mA となるように R_A, R_B, R_E を決めよ．

5.2 図 5.10 の回路について，無入力時（$v_s = 0$）のドレイン電流が 50 mA となるように R_A, R_B, R_D, R_S を決めよ．ただし，FET の静特性は図 (b) とする．また，直流電源電圧を 24 V とする．

(a) ソース接地回路

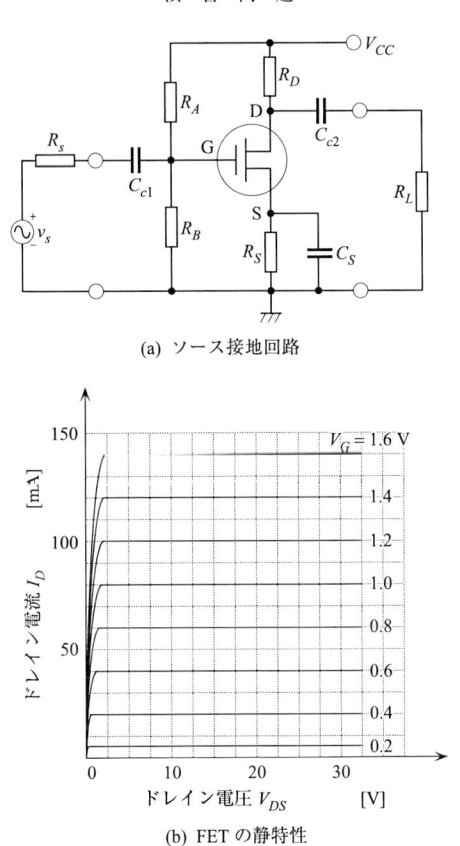

(b) FET の静特性

図 5.10　FET のバイアス回路と静特性　(b) 静特性のゲート電圧は 0 から 0.2 V ステップで加えられているものとする．

6. 基本増幅回路の特性

 2端子対（4端子）定数を用いた増幅回路の一般論について既に述べたように，増幅回路の基本特性は，増幅率，入力インピーダンス，出力インピーダンスで表現される．本章では，基本的な回路についてこれらを求めることにより，それぞれの回路の特徴を理解する．

6.1 増幅回路の解析方法

 交流信号に対する特性を計算する場合は，直流電源は短絡して考える．実際の回路から信号処理に働いている回路成分を抽出しなければならない．

 実際の回路から交流信号に対する回路成分を抽出して解析するには，重ね合わせの定理を用いる．前章のバイアス回路の最初にも述べたように，重ね合わせの定理によれば直流電源に対する特性と信号入力に対する特性をそれぞれ別々に計算し，結果を重ね合わせると実際の電流・電圧が得られることが示されている．直流バイアスを設計する場合には信号源を短絡（電圧源の場合）して計算したように，交流信号に対しては直流電源を短絡して解析する．実際の電圧波形（または電流波形）は直流成分と交流成分を重ね合わせた値となる．

6.2 エミッタ接地基本増幅回路

 電流増幅率，電圧増幅率がともに大きく使いやすいことから，エミッタ接地増幅回路がトランジスタ増幅回路の基本となっている．そこで，まずこの回路について考えてみる．

6.2.1　信号成分に対する回路の抽出

現実の回路では，エネルギーを供給するための電源回路が含まれているが，その中から信号処理に関係した部分を取り出して考えなければならない．

図 **6.1** では，重ね合わせの定理に基づいて直流電源に対する回路と交流信号に対する回路を分離している．直流バイアスを検討する場合は交流信号電圧源を短絡して考え，交流信号に対する応答を解析する場合は直流電源を短絡して考える．結果として得られた電流・電圧の和を取ると全体の特性が得られる．

図 **6.2** は，交流信号に対する回路を整理して扱いやすくするプロセスを示したものである．回路全体から交流信号に対する成分を取り出した図 6.1(c) をさらに

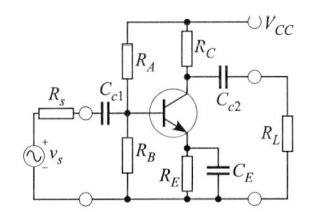

(a) 回路全体．直流電源は図示せず端子 (V_{CC}) だけを示している．

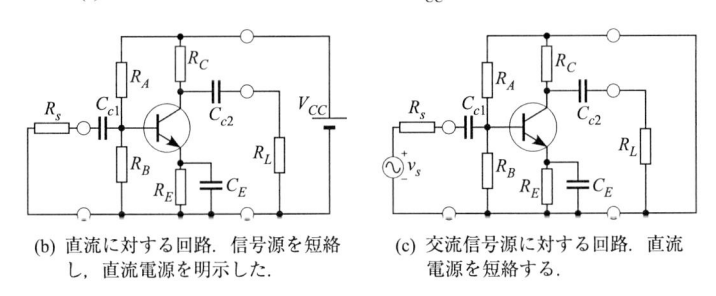

(b) 直流に対する回路．信号源を短絡し，直流電源を明示した．

(c) 交流信号源に対する回路．直流電源を短絡する．

図 **6.1**　直流電源に対する回路と交流信号に対する回路の分離．重ね合わせの定理が根拠となっている．

(a) 交流信号に対する回路 (V_{CC} を短絡)　(b) C_{c1}, C_{c2} と C_E を短絡とする　(c) 回路を整理

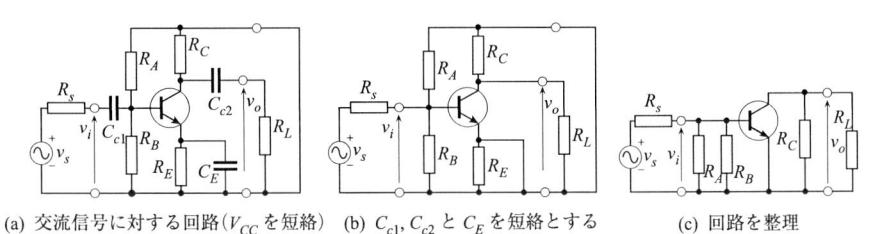

図 **6.2**　交流信号に対する回路を解析しやすく整理する方法

整理して考えるため，同じものを図 6.2(a) に示した．

　図 6.2(a) に対して図 6.2(b) は結合キャパシタ C_{c1}, C_{c2} とエミッタのバイアスキャパシタ C_E のインピーダンスが無視できる程度に小さいと考え，キャパシタ部分を短絡したものである．結合キャパシタは直流を遮断して交流信号を通過させる目的で用いられており，交流信号に対しては十分無視できる程度のインピーダンスとなるように設計する．また，エミッタのバイパスキャパシタ C_E は，エミッタ帰還抵抗 R_E が交流信号に影響することを防ぐ目的で設置されており，交流信号に対しては短絡とみなせるように設計する[*1)]．

　この回路をさらに整理すると図 6.2(c) のようになる．エミッタ抵抗 R_E は図 6.2(b) に示されているように両端が短絡されているので図 6.2(c) には現れていない．図 6.2(b) ではコレクタ抵抗 R_C はトランジスタのコレクタ電極と接地の間に接続されている．そこで，図 6.2(c) ではわかりやすくするため，位置を下部の接地との間に移動させた．ベースのバイアス抵抗 R_A も同様にベース電極と接地の間に接続されているので，図 6.2(c) では位置を下部の接地との間に移動させている．

　これらの考えに基づいて回路の特性を解析するためには，トランジスタを適当な回路モデルで表す必要がある．電子部品等の特性を等価的な電子回路で表現したものを等価回路という．等価回路で表される特性は電子部品等の特性の限られた一面だけであり，回路の状況や使用条件を十分に考慮して最も適当な等価回路を選ぶ必要がある．

　図 **6.3** は図 6.2 の回路について，トランジスタを簡易等価回路で置き換えたものである．図 6.3(a) は図 6.2(c) とまったく同じものであり，このトランジスタ部分を図 6.3(b) の簡易等価回路で置き換えると図 6.3(c) のようになる．これをさらに整理整頓して表すと図 6.3(d) となる．図 6.2(a) の回路から直ちに図 6.3(d) の回路を思い浮かべることができれば，電子回路を十分に理解しているとみなしてよい．

6.2.2　簡易等価回路を用いたエミッタ接地増幅回路の解析

　図 6.3(d) からわかるように，簡易等価回路を用いたエミッタ接地増幅回路では，入力部分と出力部分がそれぞれ独立しているので解析は容易である．

[*1)] 信号周波数が低くなると C_{c1}, C_{c2} や C_E を短絡とみなすことができなくなる．

6.2 エミッタ接地基本増幅回路

(a) 交流信号に対する回路

(b) トランジスタの簡易等価回路

(c) トランジスタを簡易等価回路で置き換えた回路
$R_{AB} = R_A R_B/(R_A + R_B)$

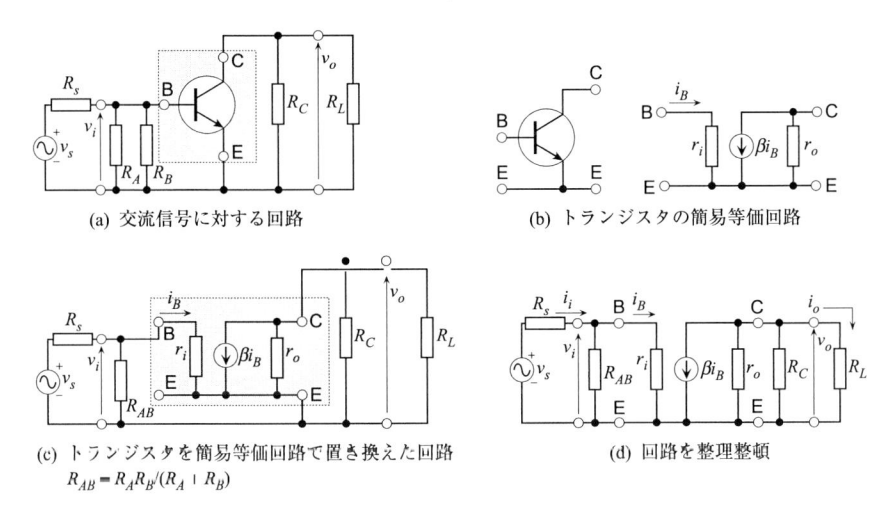

(d) 回路を整理整頓

図 **6.3** 簡易等価回路を用いたエミッタ接地増幅回路の解析

図 6.3(d) から直ちに,

$$\frac{v_s - v_i}{R_s} + \frac{0 - v_i}{R_{AB}} + \frac{0 - v_i}{r_i} = 0$$

$$-\beta i_B + \frac{0 - v_o}{r_o} + \frac{0 - v_o}{R_C} + \frac{0 - v_o}{R_L} = 0$$

$$i_B = \frac{v_i - 0}{r_i}$$

より

$$i_B = \frac{v_i}{r_i} \tag{6.1}$$

$$v_o = -\beta i_B \frac{1}{\dfrac{1}{r_o} + \dfrac{1}{R_C} + \dfrac{1}{R_L}} = -\beta \frac{v_i}{r_i} \frac{1}{\dfrac{1}{r_o} + \dfrac{1}{R_C} + \dfrac{1}{R_L}} \tag{6.2}$$

となり,電圧増幅率 $A_v = v_o/v_i$ は,

$$A_v = \frac{v_o}{v_i} = \frac{-\dfrac{\beta}{r_i}}{\dfrac{1}{r_o} + \dfrac{1}{R_C} + \dfrac{1}{R_L}} \tag{6.3}$$

となる.
また,電流は,

$$i_i = \frac{v_i}{R_{AB}} + \frac{v_i}{r_i} \tag{6.4}$$

$$i_o = \frac{v_o}{R_L} \tag{6.5}$$

であるから，電流増幅率 $A_i = i_o/i_i$ は式 (6.4) と式 (6.5) から，

$$A_i = \frac{i_o}{i_i} = \frac{\dfrac{v_o}{R_L}}{\dfrac{v_i}{R_{AB}} + \dfrac{v_i}{r_i}} = \frac{\dfrac{1}{R_L}}{\dfrac{1}{R_{AB}} + \dfrac{1}{r_i}} \frac{v_o}{v_i} = \frac{\dfrac{1}{R_L}}{\dfrac{1}{R_{AB}} + \dfrac{1}{r_i}} A_v \tag{6.6}$$

となる．

入力インピーダンス $z_i = v_i/i_i$ は，式 (6.4) から，

$$z_i = \frac{v_i}{i_i} = \frac{1}{\dfrac{i_i}{v_i}} = \frac{1}{\dfrac{1}{R_{AB}} + \dfrac{1}{r_i}} \tag{6.7}$$

となり，負荷インピーダンス（図 6.3(d) では負荷抵抗 R_L）が入力インピーダンスに影響していない．これは，図 6.3(d) の回路では帰還の効果がないためである．

出力インピーダンスの計算は少し複雑である[*2)]．まず，出力電圧 v_o と出力電流 i_o を信号源電圧 v_s で表すために，入力電圧 v_i を信号源電圧 v_s で表す．すなわち，

$$v_i = \frac{\dfrac{1}{R_s}}{\dfrac{1}{R_s} + \dfrac{1}{r_i} + \dfrac{1}{R_{AB}}} v_s \tag{6.8}$$

となる．したがって，

$$v_o = \frac{-\dfrac{\beta}{r_i}}{\dfrac{1}{r_o} + \dfrac{1}{R_C} + \dfrac{1}{R_L}} \frac{\dfrac{1}{R_s}}{\dfrac{1}{R_s} + \dfrac{1}{R_{AB}} + \dfrac{1}{r_i}} v_s \tag{6.9}$$

$$i_o = \frac{v_o}{R_L} = \frac{-\dfrac{\beta}{r_i}}{\dfrac{1}{r_o} + \dfrac{1}{R_C} + \dfrac{1}{R_L}} \frac{\dfrac{1}{R_s}}{\dfrac{1}{R_s} + \dfrac{1}{R_{AB}} + \dfrac{1}{r_i}} \frac{v_s}{R_L} \tag{6.10}$$

となり，開放電圧 v_{open} と短絡電流 i_{short} は

$$v_{open} = \lim_{R_L \to \infty} v_o = \frac{-\dfrac{\beta}{r_i}}{\dfrac{1}{r_o} + \dfrac{1}{R_C}} \frac{\dfrac{1}{R_s}}{\dfrac{1}{R_s} + \dfrac{1}{R_{AB}} + \dfrac{1}{r_i}} v_s \tag{6.11}$$

[*2)] ここで扱っている図 6.3(d) の場合に限れば，回路をみただけで簡単に計算できるが，ここではすべての増幅回路に適用できる一般的な方法を示した．

$$i_{short} = \lim_{R_L \to 0} i_o = \lim_{R_L \to 0} \left(\frac{-\dfrac{\beta}{r_i}}{\dfrac{R_L}{r_o} + \dfrac{R_L}{R_C} + 1} \frac{\dfrac{1}{R_s}}{\dfrac{1}{R_s} + \dfrac{1}{R_{AB}} + \dfrac{1}{r_i}} v_s \right)$$

$$= -\frac{\beta}{r_i} \frac{\dfrac{1}{R_s}}{\dfrac{1}{R_s} + \dfrac{1}{R_{AB}} + \dfrac{1}{r_i}} v_s \tag{6.12}$$

となるので,出力インピーダンス z_o は,

$$z_o = \frac{v_{open}}{i_{short}} = \frac{1}{\dfrac{1}{r_o} + \dfrac{1}{R_C}} \tag{6.13}$$

となる.出力インピーダンス z_o 中に信号源の出力インピーダンス(図 6.3(d) では出力抵抗 R_s)は含まれていない.これは,図 6.3(d) の回路では入力部分と出力部分が電気的に分離されている(帰還の効果がない)ことによる.

図 6.3(d) の回路では,入力側と出力側が完全に分離しているので,解析はきわめて容易であるが,一般にはより複雑な計算が必要とされる.等価回路として T 形等価回路を用いると帰還の効果が現れ計算が複雑になる.

【例題 6.1】 エミッタ接地増幅回路の特性を,T 形等価回路を用いて計算してみよ.

【解】 増幅回路の特性は,入出力インピーダンスと増幅率で表される.トランジスタの等価回路として,T 形等価回路を用いた場合について考える.図 6.4 は,T 形等価回路を用いた場合の,信号入力に対する回路を示したものである.図 6.4(d) の回路

(a) 交流信号に対する回路

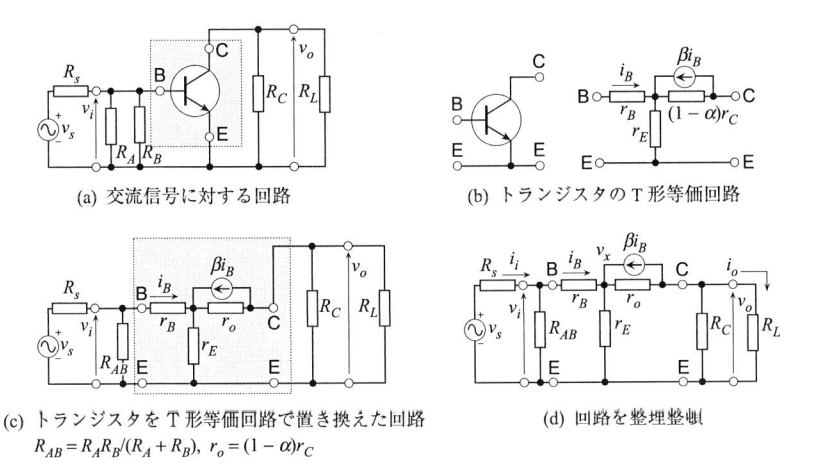

(b) トランジスタの T 形等価回路

(c) トランジスタを T 形等価回路で置き換えた回路
$R_{AB} = R_A R_B/(R_A + R_B)$, $r_o = (1-\alpha)r_C$

(d) 回路を整理整頓

図 **6.4** T 形等価回路によるエミッタ接地基本増幅回路の等価回路表現

に基づいて解析する．この回路の解析には回路方程式が必要である．中央部分の電位を v_x として回路方程式をつくると，

$$\frac{v_s - v_i}{R_s} + \frac{0 - v_i}{R_{AB}} + \frac{v_x - v_i}{r_B} = 0 \tag{6.14}$$

$$\frac{v_i - v_x}{r_B} + \frac{0 - v_x}{r_E} + \frac{v_o - v_x}{r_o} + \beta i_B = 0 \tag{6.15}$$

$$-\beta i_B + \frac{v_x - v_o}{r_o} + \frac{0 - v_o}{R_C} + \frac{0 - v_o}{R_L} = 0 \tag{6.16}$$

$$i_B = \frac{v_i - v_x}{r_B} \tag{6.17}$$

となる．これらの式を整理して，v_i と v_o を v_s で表せば，

$$i_i = \frac{v_s - v_i}{R_s} \tag{6.18}$$

$$i_o = \frac{v_o}{R_L} \tag{6.19}$$

であり，

$$A_v = \frac{v_o}{v_i} \tag{6.20}$$

$$A_i = \frac{i_o}{i_i} \tag{6.21}$$

$$z_i = \frac{v_i}{i_i} \tag{6.22}$$

$$z_o = \frac{v_{open}}{i_{short}} = \frac{[v_o]_{R_L \to \infty}}{[i_o]_{R_L \to 0}} \tag{6.23}$$

より，回路のすべてがわかる．

実際の計算は煩雑である．式 (6.14)〜(6.16) を整理すると，

$$-\left(\frac{1}{R_s} + \frac{1}{R_{AB}} + \frac{1}{r_B}\right) v_i + \frac{1}{r_B} v_x = -\frac{v_s}{R_s} \tag{6.24}$$

$$\frac{1+\beta}{r_B} v_i - \left(\frac{1}{r_E} + \frac{1}{r_o} + \frac{1+\beta}{r_B}\right) v_x + \frac{1}{r_o} v_o = 0 \tag{6.25}$$

$$-\frac{\beta}{r_B} v_i + \left(\frac{\beta}{r_B} + \frac{1}{r_o}\right) v_x - \left(\frac{1}{r_o} + \frac{1}{R_C} + \frac{1}{R_L}\right) v_o = 0 \tag{6.26}$$

式 (6.26) を変形して v_x を v_i と v_o で表し，式 (6.24), (6.25) に代入して整理すると，

$$\left\{ -\left(\frac{1}{R_s} + \frac{1}{R_p} + \frac{1}{r_B}\right) + \frac{1}{r_B} \frac{\dfrac{\beta}{r_B}}{\dfrac{\beta}{r_B} + \dfrac{1}{r_o}} \right\} v_i$$

$$+ \frac{1}{r_B} \frac{\dfrac{1}{r_o} + \dfrac{1}{R_C} + \dfrac{1}{R_L}}{\dfrac{\beta}{r_B} + \dfrac{1}{r_o}} v_o = -\frac{v_s}{R_s} \tag{6.27}$$

$$\left\{ \frac{1+\beta}{r_B} - \left(\frac{1}{r_E} + \frac{1}{r_o} + \frac{1+\beta}{r_B} \right) \frac{\dfrac{\beta}{r_B}}{\dfrac{\beta}{r_B} + \dfrac{1}{r_o}} \right\} v_i$$

$$- \left\{ \left(\frac{1}{r_E} + \frac{1}{r_o} + \frac{1+\beta}{r_B} \right) \frac{\left(\dfrac{1}{r_o} + \dfrac{1}{R_C} + \dfrac{1}{R_L} \right)}{\dfrac{\beta}{r_B} + \dfrac{1}{r_o}} - \frac{1}{r_o} \right\} v_o = 0 \tag{6.28}$$

この式は単なる2元1次の連立方程式であるから,原理的には容易に解くことができ,v_i と v_o を v_s で表すことができる.これを用いて,入出力インピーダンスや増幅率を求めることができる.

例として電圧増幅率 $A_v = v_o/v_i$ を計算すると,

$$A_v = \frac{-\left(\dfrac{1}{r_E} + \dfrac{1}{r_o} + \dfrac{1+\beta}{r_B} \right) \dfrac{\dfrac{\beta}{r_B}}{\dfrac{\beta}{r_B} + \dfrac{1}{r_o}} + \dfrac{1+\beta}{r_B}}{\left(\dfrac{1}{r_E} + \dfrac{1}{r_o} + \dfrac{1+\beta}{r_B} \right) \dfrac{\dfrac{1}{r_o} + \dfrac{1}{R_C} + \dfrac{1}{R_L}}{\dfrac{\beta}{r_B} + \dfrac{1}{r_o}} - \dfrac{1}{r_o}}$$

$$= \frac{v_o}{v_i} = \frac{-\dfrac{\beta}{r_B} + \dfrac{1+\beta}{r_B} \dfrac{\dfrac{\beta}{r_B} + \dfrac{1}{r_o}}{\dfrac{1}{r_E} + \dfrac{1}{r_o} + \dfrac{1+\beta}{r_B}}}{\dfrac{1}{r_o} + \dfrac{1}{R_C} + \dfrac{1}{R_L} - \dfrac{1}{r_o} \dfrac{\dfrac{\beta}{r_B} + \dfrac{1}{r_o}}{\dfrac{1}{r_E} + \dfrac{1}{r_o} + \dfrac{1+\beta}{r_B}}} \tag{6.29}$$

となる.この式で $r_E \to 0$ とすれば,簡易等価回路で求めた式と同じ形になる.

さらに,簡易等価回路を用いた場合と同様に計算すると入出力インピーダンスや電流増幅率を計算できるが,式の展開はきわめて煩雑である.これは,r_E を介して出力の一部が入力側に帰還していることによる.詳細は第9章「帰還増幅と発振回路」を参照のこと.

6.2.3 実際の波形

重ね合わせの定理に基づいて,直流電圧と交流信号をそれぞれ計算し,その結

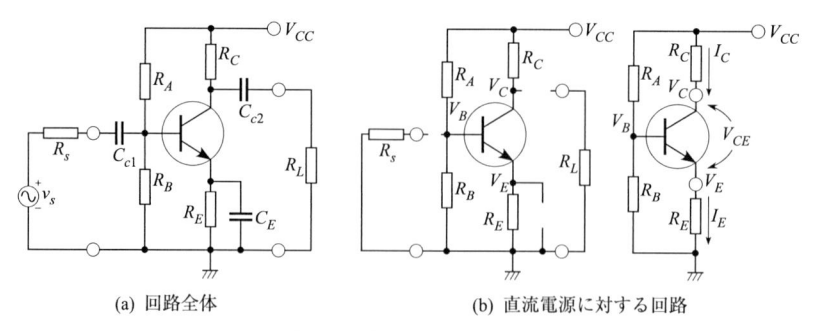

図 6.5 直流に対する回路

果の和を取ることで実際の波形が得られる．

直流電位はバイアス設計で既に決定されているはずである．図 **6.5** にエミッタ接地基本増幅回路の直流分に対する回路を示した．

$R_C I_C : V_{CE} : R_E I_E = 5 : 5 : 1$ として設計したとすれば，図 6.5 の回路のそれぞれの点における直流電位は

$$V_E \cong \frac{1}{11} V_{CC}$$

$$V_C \cong V_E + V_{CE} = \frac{6}{11} V_{CC}$$

$$V_B \cong V_E + 0.6$$

となる．

信号成分について考える場合は，直流電源を短絡して解析する．これは，前節で扱った信号成分に対する回路の応答である．簡単のため，簡易等価回路を用いた場合で考える．信号源電圧 v_s が，

$$v_s(t) = V_s \sin(\omega t) \tag{6.30}$$

であるとすれば，ベース端子の信号電圧は図 6.3(d) の $v_i(t)$ であるから，

$$v_i(t) = \frac{\frac{1}{R_s}}{\frac{1}{R_s} + \frac{1}{R_P} + \frac{1}{r_B}} v_s(t) = \frac{\frac{1}{R_s}}{\frac{1}{R_s} + \frac{1}{R_P} + \frac{1}{r_B}} V_s \sin(\omega t) \tag{6.31}$$

であり，コレクタ端子の信号電圧は v_o であるから，

$$v_o(t) = A_v v_i(t) = -\frac{\frac{\beta}{r_B}}{\frac{1}{r_o} + \frac{1}{R_C} + \frac{1}{R_L}} \frac{\frac{1}{R_s}}{\frac{1}{R_s} + \frac{1}{R_P} + \frac{1}{r_B}} V_s \sin(\omega t) \tag{6.32}$$

となる．ベース電圧とコレクタ電圧では符号が逆になっている（位相が反転している）ことに注目しておくこと．

重ね合わせの定理によれば，各部の電圧は個々の電源の効果の和で得られる．したがって，ベース端子の実際の電圧波形を $v_B(t)$，コレクタ端子の電圧波形を $v_C(t)$ とすれば，

$$v_B(t) = V_B + v_i(t) \tag{6.33}$$

$$v_C(t) = V_C + v_o(t) \tag{6.34}$$

これらを図示すると図 **6.6** のようになる．

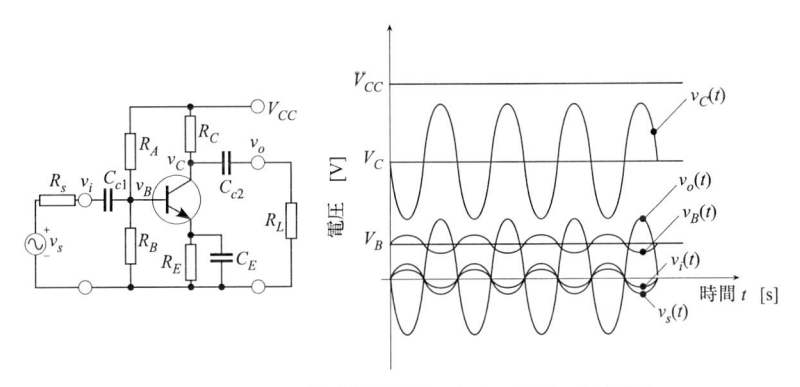

図 6.6 エミッタ接地増幅回路における実際の電圧波形

信号電圧の振幅を増すと，ベース端子の電圧振幅が大きくなり，コレクタ端子の電圧振幅も増大するが，波形の最大値は V_{CC} を超えることはできない．また最小値は接地電位（0 V）よりも低くはならない．このことを考慮してコレクタ直流電位 V_C を決める必要がある．

6.3 コレクタ接地基本増幅回路

コレクタ接地基本増幅回路は電圧増幅率が 1 以下になるが，入力インピーダンスが大きいという特徴があり，インピーダンス変換回路として用いられる．

6.3.1 信号成分に対する回路の抽出

エミッタ接地増幅回路と同様に，図 **6.7** のように重ね合わせの定理に基づいて

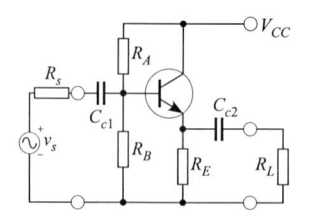

(a) 回路全体．直流電流は図示せず端子(V_{CC})だけを示している．

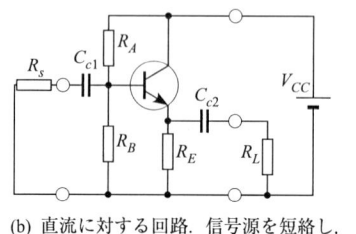

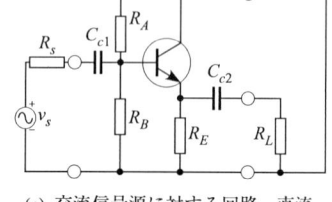

(b) 直流に対する回路．信号源を短絡し，直流電源を明示した．

(c) 交流信号源に対する回路．直流電源を短絡する．

図 **6.7** コレクタ接地基本増幅回路について，直流電源に対する回路と交流信号に対する回路を分離．重ね合わせの定理が根拠となっている．

直流電源に対する回路と交流信号に対する回路を分離して考える．

　エミッタ接地増幅回路では，エミッタと接地の間にエミッタ抵抗 R_E を挿入し，この抵抗両端の電圧降下による帰還効果を利用して直流バイアスを安定化した．このため，図 6.1(a) のようにエミッタ抵抗に並列にキャパシタ C_E を接続しているが，コレクタ接地回路ではエミッタ抵抗が負荷の一部として作用するため図 6.7(a) に示したように C_E は接続しない．

　また，コレクタ接地回路ではコレクタ抵抗 R_C は直流バイアスの安定化には寄与せず，回路の損失として働くので，図 6.7(a) のようにコレクタ抵抗 R_C を用いずにトランジスタのコレクタ電極を直接 V_{CC} のラインに接続する．

　直流電源に対する回路と交流信号に対する回路をそれぞれ図 6.7(b)，(c) に示した．基本的な考え方はエミッタ接地増幅回路の場合と同様である．

　この回路に基づいて交流信号に対する増幅率や入出力インピーダンスを求める．このために，図 6.7(c) の回路をさらに整理して考える必要がある．図 **6.8** はこの考えに基づいて，交流信号のみの効果を考えるために図 6.7(c) の回路を整理整頓する過程を示したものである．

　図 6.8(a) は図 6.7(c) の回路を再度示したものであり，整理整頓の出発点とな

6.3 コレクタ接地基本増幅回路

(a) 交流信号に対する回路

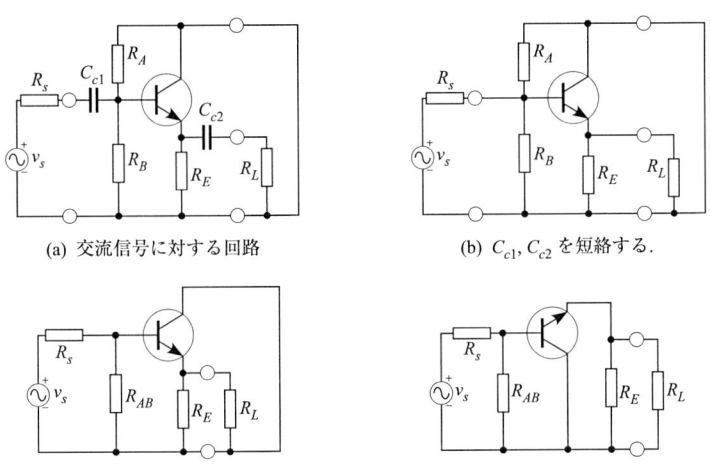

(b) C_{c1}, C_{c2} を短絡する.

(c) R_A と R_B はともにベースと接地の間に接続されているので R_A と R_B の並列を R_{AB} とした.

(d) コレクタを接地に近づけて表すため,トランジスタを上下反転した.

図 **6.8** コレクタ接地増幅回路で,交流信号に対する回路を解析しやすく整理する方法

る.図 6.8(b) は結合キャパシタ C_{c1} と C_{c2} のインピーダンスが無視できる程度に小さいと考え,キャパシタ部分を短絡したものである.エミッタ接地の場合と同様に,結合キャパシタは直流を遮断して交流信号を通過させる目的で用いられており,交流信号に対しては十分無視できる程度のインピーダンスとなるように設計する.

この回路について,ベースのバイアス抵抗 R_A と R_B はともにトランジスタのベースと接地の間に接続されているので,これを1つの抵抗 $R_{AB} = R_A R_B/(R_A+R_B)$ で表すと図 6.8(c) のようになる.

さらに,トランジスタのコレクタは接地されているので,トランジスタの上下を反転させコレクタを接地に近づけて整理すると図 6.8(d) のようになる.交流信号に対する特性を解析するには,図 6.8(d) のトランジスタを適当な等価回路で表現すればよい.

図 **6.9** は図 6.8 の回路について,トランジスタを簡易等価回路で置き換えたものである.図 6.9(a) は図 6.8(d) とまったく同じものであり,このトランジスタ部分を図 6.9(b) の簡易等価回路で置き換えると図 6.9(c) のようになる.これをさらに整理整頓して表すと図 6.9(d) となる.ここまで整理できれば解析は容易である.

(a) 交流信号に対する回路

(b) トランジスタの簡易等価回路

(c) トランジスタを簡易等価回路で置き換えた回路

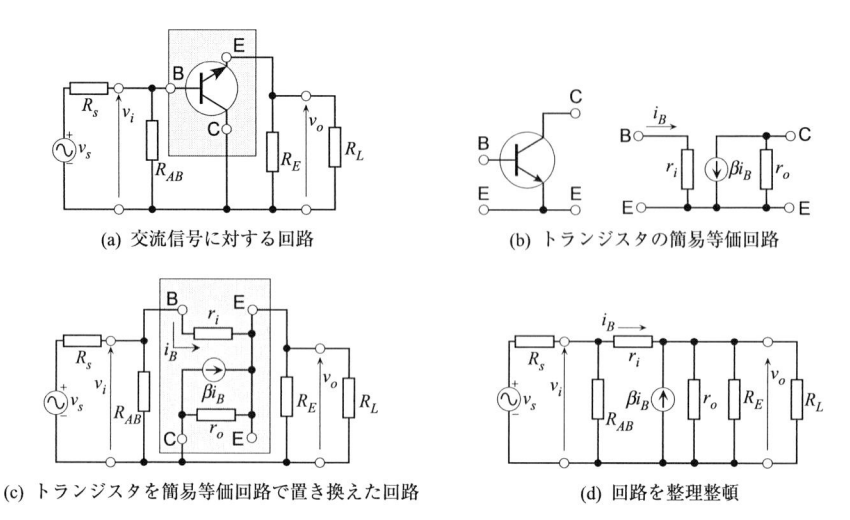

(d) 回路を整理整頓

図 6.9　交流信号に対するコレクタ接地増幅回路の回路成分

6.3.2　簡易等価回路を用いたコレクタ接地増幅回路の解析

簡易等価回路を用いたコレクタ接地増幅回路では，入力部分と出力部分がそれぞれ独立していないので，解析はエミッタ接地の場合より複雑になる．図 6.9(d)において回路方程式は，

$$\frac{v_s - v_i}{R_s} + \frac{-v_i}{R_{AB}} + \frac{v_o - v_i}{r_i} = 0 \quad (6.35)$$

$$\frac{v_i - v_o}{r_i} + \beta i_B + \frac{0 - v_o}{r_o} + \frac{0 - v_o}{R_E} + \frac{0 - v_o}{R_L} = 0 \quad (6.36)$$

$$i_B = \frac{v_i - v_o}{r_i} \quad (6.37)$$

となる．

電圧増幅率 $A_v = v_o/v_i$ は式 (6.36), (6.37) から直ちに求めることができる．すなわち，

$$\frac{v_i - v_o}{r_i} + \beta \frac{v_i - v_o}{r_i} + \frac{-v_o}{r_o} + \frac{-v_o}{R_E} + \frac{-v_o}{R_L} = 0 \quad (6.38)$$

であり，

$$\frac{1+\beta}{r_i} v_i = \left(\frac{1+\beta}{r_i} + \frac{1}{r_o} + \frac{1}{R_E} + \frac{1}{R_L} \right) v_o \quad (6.39)$$

より，

6.3 コレクタ接地基本増幅回路

$$A_v = \frac{v_o}{v_i} = \frac{\dfrac{1+\beta}{r_i}}{\dfrac{1+\beta}{r_i} + \dfrac{1}{r_o} + \dfrac{1}{R_E} + \dfrac{1}{R_L}}$$

$$= \frac{1}{1 + \dfrac{r_i}{(1+\beta)r_o} + \dfrac{r_i}{(1+\beta)R_E} + \dfrac{r_i}{(1+\beta)R_L}} < 1 \quad (6.40)$$

となる.すなわち,コレクタ接地増幅回路では電圧増幅率 A_v は 1 よりも小さい.入力電圧よりも出力電圧が小さいが増幅回路という.

電流増幅率 $A_i = i_o/i_i$ は,

$$i_i = \frac{v_i - v_o}{r_i} + \frac{v_i}{R_{AB}} \quad (6.41)$$

$$i_o = \frac{v_o}{R_L} \quad (6.42)$$

であるから,

$$A_i = \frac{i_o}{i_i} = \frac{\dfrac{v_o}{R_L}}{\dfrac{v_i}{r_i} - \dfrac{v_o}{r_i} + \dfrac{v_i}{R_{AB}}} = \frac{\dfrac{1}{R_L}}{\dfrac{1}{r_i}\left(\dfrac{v_i}{v_o} - 1\right) + \dfrac{1}{R_{AB}}\dfrac{v_i}{v_o}} \quad (6.43)$$

となる.ここで,式 (6.40) から,

$$\frac{v_i}{v_o} = 1 + \frac{r_i}{1+\beta}\left(\frac{1}{r_o} + \frac{1}{R_E} + \frac{1}{R_L}\right) \quad (6.44)$$

を考慮すると,

$$A_i = \frac{\dfrac{1}{R_L}}{\dfrac{1}{r_i}\left(\dfrac{v_i}{v_o} - 1\right) + \dfrac{1}{R_{AB}}\dfrac{v_i}{v_o}}$$

$$= (1+\beta)\frac{\dfrac{1}{R_L}}{\dfrac{1}{r_o} + \dfrac{1}{R_E} + \dfrac{1}{R_L} + \dfrac{1}{R_{AB}}\left(1+\beta + \dfrac{r_i}{r_o} + \dfrac{r_i}{R_E} + \dfrac{r_i}{R_L}\right)}$$

$$= (1+\beta)\frac{\dfrac{1}{R_L}}{\dfrac{1}{r_o} + \dfrac{1}{R_E} + \dfrac{1}{R_L}}$$

$$\times \frac{1}{1 + \dfrac{r_i}{R_{AB}}\left(1 + (1+\beta)\dfrac{\dfrac{1}{r_i}}{\dfrac{1}{r_o} + \dfrac{1}{R_E} + \dfrac{1}{R_L}}\right)} \quad (6.45)$$

となる.右辺最初の $(1+\beta)$ はトランジスタによる電流増幅によるものであり,第2項の $(1/R_L)/(1/r_o+1/R_E+1/R_L)$ は出力電流がそれぞれの抵抗で分流され,R_L に流れる有効な負荷電流が減少することを表している.最後の R_{AB} を含む項は入力電流の一部が増幅に無関係な R_{AB} を流れる電流となっていることによる.

R_L に比べて r_o,R_E が十分に大きく負荷電流がほとんどすべて R_L に流れ,かつ R_{AB} が r_i に比べて十分に大きければ,第2項と第3項はほぼ1となり電流増幅率は $(1+\beta)$ となる.すなわち,電流増幅率は電圧増幅率とは異なり,1よりもはるかに大きな値となることがわかる.

入力インピーダンス $z_i = v_i/i_i$ は,式 (6.41) から,

$$\frac{1}{z_i} = \frac{i_i}{v_i} = \frac{1}{r_i} + \frac{1}{R_{AB}} - \frac{1}{r_i}\frac{v_o}{v_i} = \frac{1}{r_i}\left(1 - \frac{v_o}{v_i}\right) + \frac{1}{R_{AB}}$$

$$= \frac{1}{r_i}(1 - A_v) + \frac{1}{R_{AB}}$$

$$= \frac{1}{r_i}\frac{\frac{1}{r_o}+\frac{1}{R_E}+\frac{1}{R_L}}{\frac{1+\beta}{r_i}+\frac{1}{r_o}+\frac{1}{R_E}+\frac{1}{R_L}} + \frac{1}{R_{AB}}$$

$$= \frac{1}{r_i\left\{1+(1+\beta)\dfrac{\dfrac{1}{r_i}}{\dfrac{1}{r_o}+\dfrac{1}{R_E}+\dfrac{1}{R_L}}\right\}} + \frac{1}{R_{AB}} \tag{6.46}$$

となる.第2項の $1/R_{AB}$ はバイアス抵抗 R_A,R_B に流入する電流によるものである.第1項はトランジスタに流入する電流の効果を表しており,通常 $1/r_i > (1/r_o+1/R_E+1/R_L)$ であるからトランジスタの入力抵抗 r_i は $(1+\beta)$ 倍以上に寄与することがわかる.すなわち,R_{AB} の値が十分に大きく $1/R_{AB}$ の項が無視できる場合,入力インピーダンスはトランジスタの入力抵抗 r_i の $\{1+(1+\beta)(1/r_i)/(1/r_o+1/R_E+1/R_L)\}$ 倍の大きな値となる.

また,入力インピーダンスを表す式 (6.46) には,負荷抵抗 R_L が含まれていることに注意しなければならない.コレクタ接地では入力と出力が電気的に分離されていないため,負荷抵抗の値を変えると入力インピーダンスが変化する.

出力インピーダンス z_o を求めるには,出力電圧 v_o を信号源電圧 v_s で表さなければならない.式 (6.35) より,

6.3 コレクタ接地基本増幅回路

$$\frac{v_s}{R_s} = \frac{v_i}{R_s} + \frac{v_i}{R_{AB}} + \frac{v_i}{r_i} - \frac{v_o}{r_i}$$

$$v_o = \frac{\dfrac{v_s}{R_s}}{\left(\dfrac{1}{R_s} + \dfrac{1}{R_{AB}} + \dfrac{1}{r_i}\right)\dfrac{v_i}{v_o} - \dfrac{1}{r_i}}$$

$$= \frac{\dfrac{v_s}{R_s}}{\left(\dfrac{1}{R_s} + \dfrac{1}{R_{AB}} + \dfrac{1}{r_i}\right)\left\{1 + \dfrac{r_i}{1+\beta}\left(\dfrac{1}{r_o} + \dfrac{1}{R_E} + \dfrac{1}{R_L}\right)\right\} - \dfrac{1}{r_i}} \tag{6.47}$$

と表される.

開放電圧 v_{open} は, $R_L \to \infty$ における v_o であるから,

$$v_{open} = \lim_{R_L \to \infty} v_o$$

$$= \frac{\dfrac{v_s}{R_s}}{\left(\dfrac{1}{R_s} + \dfrac{1}{R_{AB}} + \dfrac{1}{r_i}\right)\left\{1 + \dfrac{r_i}{1+\beta}\left(\dfrac{1}{r_o} + \dfrac{1}{R_E}\right)\right\} - \dfrac{1}{r_i}} \tag{6.48}$$

となり, 短絡電流 i_{short} は $R_L \to 0$ における出力電流 $i_L = v_o/R_L$ であるから,

$$i_{short} = \lim_{R_L \to 0} i_L = \lim_{R_L \to 0} \frac{v_o}{R_L}$$

$$= \frac{\dfrac{v_s}{R_s}}{\left(\dfrac{1}{R_s} + \dfrac{1}{R_{AB}} + \dfrac{1}{r_i}\right)\dfrac{r_i}{1+\beta}} \tag{6.49}$$

であり, 出力インピーダンス $z_o = v_{open}/i_{short}$ は,

$$z_o = \frac{v_{open}}{i_{short}}$$

$$= \frac{\dfrac{r_i}{1+\beta}\left(\dfrac{1}{R_s} + \dfrac{1}{R_{AB}} + \dfrac{1}{r_i}\right)}{\left(\dfrac{1}{R_s} + \dfrac{1}{R_{AB}} + \dfrac{1}{r_i}\right)\left\{1 + \dfrac{r_i}{1+\beta}\left(\dfrac{1}{r_i} + \dfrac{1}{R_E}\right)\right\} - \dfrac{1}{r_i}}$$

$$= \cfrac{1}{\cfrac{1}{r_o}+\cfrac{1}{R_E}} \cfrac{1}{1+(1+\beta)\cfrac{\cfrac{1}{r_i}}{\cfrac{1}{r_o}+\cfrac{1}{R_E}}\cfrac{\cfrac{1}{R_s}+\cfrac{1}{R_{AB}}}{\cfrac{1}{R_s}+\cfrac{1}{R_{AB}}+\cfrac{1}{r_i}}} \quad (6.50)$$

となる.

コレクタ接地回路では入力と出力が電気的に分離されていないので，出力インピーダンス z_o は信号源の出力抵抗 R_s に依存することに注意しなければならない.

ここで，$R_{AB} \gg R_s$, $r_o \gg R_E$, $r_i \ll R_s$ ならば，

$$z_o \cong \frac{r_o R_E}{r_o + R_E} \frac{1}{1+(1+\beta)\cfrac{R_E}{R_s}} \quad (6.51)$$

となり，さらに $R_s \cong R_E$, $r_o \gg R_E$ であれば，

$$z_o \cong \frac{r_o R_E}{r_o + R_E} \frac{1}{2+\beta} \cong \frac{R_E}{\beta} \quad (6.52)$$

となる．ただし，$\beta \gg 1$ とした.

すなわち，コレクタ接地回路では出力抵抗はおおむねエミッタ抵抗 R_E の $1/\beta$ 倍の低い値となる．入力インピーダンスが高く出力インピーダンスが低い回路となることから，インピーダンス変換回路として用いられる[*3)].

6.4 ベース接地基本増幅回路

ベース接地基本増幅回路は入力インピーダンスが低く出力インピーダンスが高いので，増幅回路としてはどちらかといえば使用が難しい回路である．このため，一部の発振回路など特殊な場合以外はほとんど使われない.

6.4.1 信号成分に対する回路の抽出

エミッタ接地増幅回路と同様に，図 **6.10** のように重ね合わせの定理に基づいて直流電源に対する回路と交流信号に対する回路を分離して考える.

ベース電極は交流信号に対してキャパシタ C_B によって接地される．入力信号はエミッタに加えられ，コレクタが出力端子となる．直流バイアスの考え方はエ

[*3)] FET が汎用される以前は高入力インピーダンス回路として使われた.

6.4 ベース接地基本増幅回路

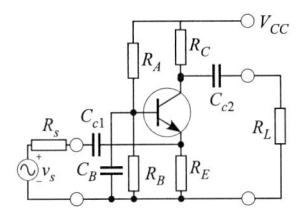

(a) 回路全体．直流電源は図示せず端子(V_{CC})だけを示している．

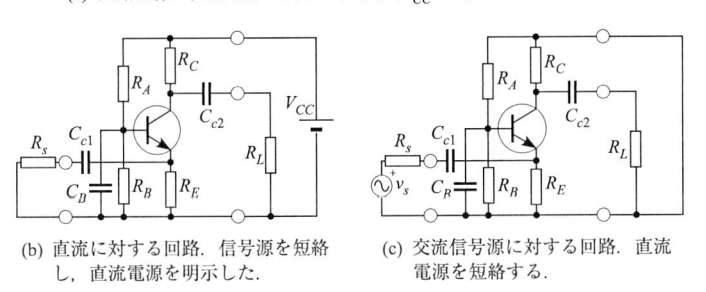

(b) 直流に対する回路．信号源を短絡し，直流電源を明示した．

(c) 交流信号源に対する回路．直流電源を短絡する．

図 **6.10** ベース接地基本増幅回路について，直流電源に対する回路と交流信号に対する回路を分離．重ね合わせの定理が根拠となっている．

ミッタ接地の場合と同様であるが，エミッタ抵抗 R_E の抵抗値を低くすると入力インピーダンスが下がるのである程度大きな値のエミッタ抵抗を使用する．

この回路に基づいて交流信号に対する増幅率や入出力インピーダンスを求める．このために，図 6.10(c) の回路をさらに整理して考える必要がある．図 **6.11** はこの考えに基づいて，交流信号のみの効果を考えるために図 6.10(c) の回路を整理整頓する過程を示したものである．

図 6.11(b) から明らかなように，ベースのバイアス抵抗 R_A，R_B の両端はどちらも接地電位に接続されているので，交流信号に対してはどちらもまったく関与しない．すなわち，交流信号に対してはどちらも接地電位に対して短絡されていると考えられるので，図 6.11(c) のように配線で接続されていることと等価である．

さらに，入力となるトランジスタのエミッタ電極を入力側に近づけて整理すると，図 6.11(d) のようになる．

交流信号に対する特性を解析するには，図 6.11(d) のトランジスタを適当な等価回路で表現すればよい．

図 **6.12** は図 6.11 の回路について，トランジスタを簡易等価回路で置き換えた

(a) 交流信号に対する回路

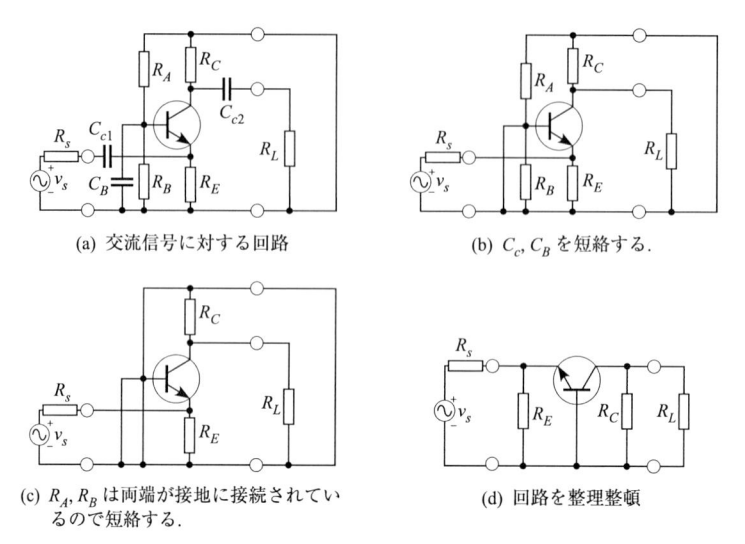

(b) C_c, C_B を短絡する.

(c) R_A, R_B は両端が接地に接続されているので短絡する.

(d) 回路を整理整頓

図 **6.11** ベース接地増幅回路で，交流信号に対する回路を解析しやすく整理する方法

(a) 交流信号に対する回路

(b) トランジスタの簡易等価回路

(c) トランジスタを簡易等価回路で置き換えた回路

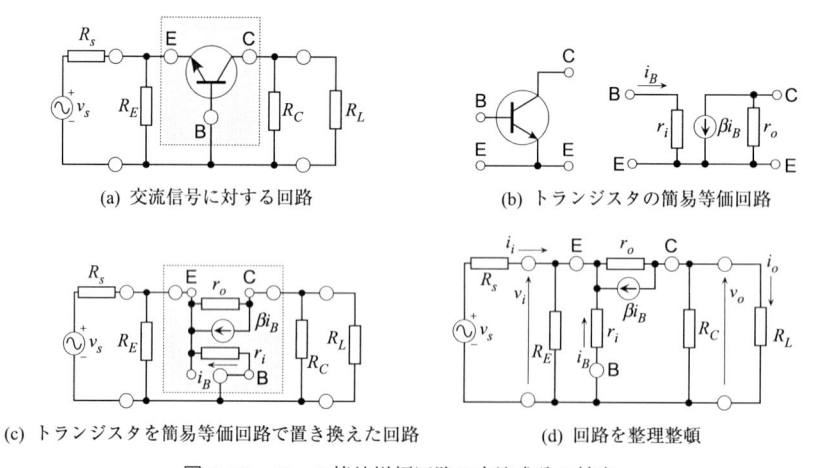

(d) 回路を整理整頓

図 **6.12** ベース接地増幅回路の交流成分の抽出

ものである．図 6.12(a) のトランジスタのそれぞれの電極部分を忠実に対応する等価回路の電極と一致させて置き換えると，図 6.12(c) のようになる．

これをさらに整理整頓して表すと図 6.12(d) となる．回路の解析にはこの図 6.12(d) が用いられる．

6.4.2　簡易等価回路を用いたベース接地増幅回路の解析

図 6.12(d) からわかるように，簡易等価回路を用いたベース接地増幅回路では，入力部分と出力部分が電流源で接続されており，エミッタ接地増幅回路に対して T 形等価回路を用いた場合に近い構成となる．

図 6.12(d) より回路方程式は，

$$\frac{v_s - v_i}{R_s} + \frac{0 - v_i}{R_E} + \frac{0 - v_i}{r_i} + \frac{v_o - v_i}{r_o} + \beta i_B = 0 \quad (6.53)$$

$$\frac{v_i - v_o}{r_o} - \beta i_B + \frac{0 - v_o}{R_C} + \frac{0 - v_o}{R_L} = 0 \quad (6.54)$$

$$i_B = \frac{0 - v_i}{r_i} \quad (6.55)$$

となる．

電圧増幅率 $A_v = v_o/v_i$ は，式 (6.54) から，

$$\frac{v_i}{r_o} + \beta \frac{v_i}{r_i} = \frac{v_o}{r_o} + \frac{v_o}{R_C} + \frac{v_o}{R_L} \quad (6.56)$$

$$A_v = \frac{v_o}{v_i} = \frac{\dfrac{1}{r_o} + \dfrac{\beta}{r_i}}{\dfrac{1}{r_o} + \dfrac{1}{R_C} + \dfrac{1}{R_L}}$$

$$= \beta \frac{\dfrac{1}{r_i}}{\dfrac{1}{r_o} + \dfrac{1}{R_C} + \dfrac{1}{R_L}} \left(1 + \frac{r_i}{\beta r_o}\right)$$

$$= \beta \frac{R_{oCL}}{r_i} \left(1 + \frac{r_i}{\beta r_o}\right) \cong \beta \frac{R_{oCL}}{r_i} \quad (6.57)$$

$$R_{oCL} \equiv \frac{1}{\dfrac{1}{r_o} + \dfrac{1}{R_C} + \dfrac{1}{R_L}}$$

となる．R_{oCL} は r_o と R_C と R_L の並列抵抗であり，3 つの中で最も低い抵抗値で値が決まる．通常 $r_i \ll R_{oCL}$ であり $\beta \cong 100$ であるから，ベース接地増幅回路の電圧増幅率は正の大きな値となる．

電流増幅率 $A_i = i_o/i_i$ は，式 (6.53) で $i_i = (v_s - v_i)/R_s$ を考慮すると，

$$i_i + \frac{-v_i}{R_E} + \frac{-v_i}{r_i} + \frac{v_o - v_i}{r_o} + \beta i_B = 0 \quad (6.58)$$

となり，$i_B = -v_i/r_i$ を考慮して整理すると，

$$i_i = \left(\frac{1}{R_E} + \frac{1+\beta}{r_i} + \frac{1}{r_o}\right) v_i - \frac{v_o}{r_o}$$

$$= \left\{\left(\frac{1}{R_E} + \frac{1+\beta}{r_i} + \frac{1}{r_o}\right) \frac{v_i}{v_o} - \frac{1}{r_o}\right\} v_o \qquad (6.59)$$

となる．$i_o = V_o/R_L$ であるから，両辺を R_L で割って電流増幅率を求めると，

$$\frac{i_i}{R_L} = \left\{\left(\frac{1}{R_E} + \frac{1+\beta}{r_i} + \frac{1}{r_o}\right) \frac{v_i}{v_o} - \frac{1}{r_o}\right\} \frac{v_o}{R_L}$$

$$= \left\{\left(\frac{1}{R_E} + \frac{1+\beta}{r_i} + \frac{1}{r_o}\right) \frac{v_i}{v_o} - \frac{1}{r_o}\right\} i_o$$

$$A_i = \frac{i_o}{i_i} = \frac{\dfrac{1}{R_L}}{\left(\dfrac{1}{R_E} + \dfrac{1+\beta}{r_i} + \dfrac{1}{r_o}\right) \dfrac{v_i}{v_o} - \dfrac{1}{r_i}} \qquad (6.60)$$

となり，v_i/v_o に式 (6.57) の最初の形を用いて整理すると，

$$\frac{i_o}{i_i} = \frac{\dfrac{1}{R_L}}{\left(\dfrac{1}{R_E} + \dfrac{1+\beta}{r_i} + \dfrac{1}{r_o}\right) \dfrac{\dfrac{1}{r_o} + \dfrac{1}{R_C} + \dfrac{1}{R_l}}{\dfrac{1}{r_o} + \dfrac{\beta}{r_i}} - \dfrac{1}{r_o}}$$

$$= \frac{\dfrac{1}{R_L}\left(\dfrac{1}{r_o} + \dfrac{\beta}{r_i}\right)}{\left(\dfrac{1}{r_o} + \dfrac{\beta}{r_i}\right)\left(\dfrac{1}{R_C} + \dfrac{1}{R_L}\right) + \left(\dfrac{1}{r_i} + \dfrac{1}{R_E}\right)\left(\dfrac{1}{r_o} + \dfrac{1}{R_C} + \dfrac{1}{R_L}\right)}$$

$$= \frac{\dfrac{1}{R_L}}{\dfrac{1}{r_o} + \dfrac{1}{R_C} + \dfrac{1}{R_L}} \cdot \frac{\beta\left(1 + \dfrac{r_i}{\beta r_o}\right)}{1 + \dfrac{r_i}{R_E} + \beta\left(1 + \dfrac{r_i}{\beta r_o}\right)\dfrac{\dfrac{1}{R_C} + \dfrac{1}{R_L}}{\dfrac{1}{r_o} + \dfrac{1}{R_C} + \dfrac{1}{R_L}}}$$

$$\cong \frac{\beta}{1+\beta} \frac{\dfrac{1}{R_L}}{\dfrac{1}{r_o} + \dfrac{1}{R_C} + \dfrac{1}{R_L}} = \alpha \frac{\dfrac{1}{R_L}}{\dfrac{1}{r_o} + \dfrac{1}{R_C} + \dfrac{1}{R_L}} < 1 \qquad (6.61)$$

となる．$(1/R_L)/(1/r_o + 1/R_C + 1/R_L)$ は，トランジスタで増幅[*4)]された電流

[*4)] 分流の効果を無視しても電流増幅率は最大で $\alpha < 1$ なので，電流は増えない．

が r_o, R_C, R_L の 3 つの抵抗に分流されるため，負荷抵抗 R_L に流れる出力電流が減少する効果を表している．分流の効果を無視すると電流増幅率はトランジスタのベース接地電流増幅率 $\alpha = \beta/(1+\beta)$ となっている．

入力インピーダンスは，入力電流 i_i と入力電圧 v_i から求める．式 (6.53) より，

$$i_i = \frac{v_s - v_i}{R_s} = \left(\frac{1}{R_E} + \frac{1+\beta}{r_i} + \frac{1}{r_o}\right)v_i - \frac{1}{r_o}v_o$$

$$= \left(\frac{1}{R_E} + \frac{1+\beta}{r_i} + \frac{1}{r_o}\right)v_i - \frac{1}{r_o}\frac{\frac{1}{r_o} + \frac{\beta}{r_i}}{\frac{1}{r_o} + \frac{1}{R_C} + \frac{1}{R_L}}v_i \quad (6.62)$$

となり，入力インピーダンス z_i は，

$$\frac{1}{z_i} = \frac{i_i}{v_i}$$

$$= \frac{1}{R_E} + \frac{1+\beta}{r_i} + \frac{1}{r_o} - \frac{1}{r_o}\frac{\frac{\beta}{r_i} + \frac{1}{r_o}}{\frac{1}{r_o} + \frac{1}{R_C} + \frac{1}{R_L}}$$

$$= \frac{1}{R_E} + \frac{1}{r_i} + \left(\frac{\beta}{r_i} + \frac{1}{r_o}\right)\frac{1}{1 + \frac{\frac{1}{r_o}}{\frac{1}{R_C} + \frac{1}{R_L}}} \quad (6.63)$$

となる．ここで，$r_o \gg R_C, R_L$ ならば，

$$\frac{1}{z_i} \cong \frac{1}{R_E} + \frac{1+\beta}{r_i} + \frac{1}{r_o} \quad (6.64)$$

となる．

トランジスタでは一般に $r_i \ll r_o$ であるから，$(1+\beta)/r_i$ に比べて $1/r_o$ を省略して考えると，

$$z_i \cong \frac{1}{\frac{1}{R_E} + \frac{1+\beta}{r_i}}$$

$$= R_E \frac{1}{1 + \frac{(1+\beta)R_E}{r_i}} \quad (6.65)$$

となる．この式から，$z_i < R_E$ であることがわかる．エミッタ抵抗 R_E はバイア

ス電流を流すために使われているので，ある程度低い値とする必要がある．このため，ベース接地回路では入力インピーダンスを高くすることが難しい．

出力インピーダンス z_o を求めるためには，v_o, i_o を v_s で表す必要がある．v_o は，式 (6.53) から，

$$\frac{v_s}{R_s} = \left(\frac{1}{R_s} + \frac{1}{R_E} + \frac{1+\beta}{r_i} + \frac{1}{r_o}\right) v_i - \frac{1}{r_o} v_o$$

$$= \left(\frac{1}{R_s} + \frac{1}{R_E} + \frac{1+\beta}{r_i} + \frac{1}{r_o}\right) \frac{\dfrac{1}{r_o} + \dfrac{1}{R_C} + \dfrac{1}{R_L}}{\dfrac{1}{r_o} + \dfrac{\beta}{r_i}} v_o - \frac{1}{r_o} v_o$$

$$v_o = \frac{\dfrac{1}{R_s}}{\left(\dfrac{1}{R_s} + \dfrac{1}{R_E} + \dfrac{1+\beta}{r_i} + \dfrac{1}{r_o}\right) \dfrac{\dfrac{1}{r_o} + \dfrac{1}{R_C} + \dfrac{1}{R_L}}{\dfrac{1}{r_o} + \dfrac{\beta}{r_i}} - \dfrac{1}{r_i}} v_s \quad (6.66)$$

となり，i_o は，

$$i_o = \frac{v_o}{R_L}$$

$$= \frac{\dfrac{1}{R_s}}{\left(\dfrac{1}{R_s} + \dfrac{1}{R_E} + \dfrac{1+\beta}{r_i} + \dfrac{1}{r_o}\right) \dfrac{\dfrac{1}{r_o} + \dfrac{1}{R_C} + \dfrac{1}{R_L}}{\dfrac{1}{r_o} + \dfrac{\beta}{r_i}} - \dfrac{1}{r_i}} \frac{v_s}{R_L} \quad (6.67)$$

となる．したがって，開放電圧 v_{open} と短絡電流 i_{short} は，

$$v_{open} = \lim_{R_L \to \infty} v_o$$

$$= \frac{\dfrac{1}{R_s}}{\left(\dfrac{1}{R_s} + \dfrac{1}{R_E} + \dfrac{1+\beta}{r_i} + \dfrac{1}{r_o}\right) \dfrac{\dfrac{1}{r_o} + \dfrac{1}{R_C}}{\dfrac{1}{r_o} + \dfrac{\beta}{r_i}} - \dfrac{1}{r_i}} v_s \quad (6.68)$$

$$i_{short} = \lim_{R_L \to 0} i_o$$

$$= \cfrac{\cfrac{1}{R_s}}{\left(\cfrac{1}{R_s}+\cfrac{1}{R_E}+\cfrac{1+\beta}{r_i}+\cfrac{1}{r_o}\right)\cfrac{1}{\cfrac{1}{r_o}+\cfrac{\beta}{r_i}}}v_s \tag{6.69}$$

となり，出力インピーダンス z_o は，

$$\frac{1}{z_o}=\frac{i_{short}}{v_{open}}$$

$$= \cfrac{\cfrac{\cfrac{1}{R_s}}{\left(\cfrac{1}{R_s}+\cfrac{1}{R_E}+\cfrac{1+\beta}{r_i}+\cfrac{1}{r_o}\right)\cfrac{1}{\cfrac{1}{r_o}+\cfrac{\beta}{r_i}}}v_s}{\cfrac{\cfrac{1}{R_s}}{\left(\cfrac{1}{R_s}+\cfrac{1}{R_E}+\cfrac{1+\beta}{r_i}+\cfrac{1}{r_o}\right)\cfrac{\cfrac{1}{r_o}+\cfrac{1}{R_C}}{\cfrac{1}{r_o}+\cfrac{\beta}{r_i}}-\cfrac{1}{r_i}}v_s}$$

$$= \frac{1}{R_C}+\frac{1}{r_o}\cfrac{1}{1+\cfrac{\cfrac{\beta}{r_i}+\cfrac{1}{r_o}}{\cfrac{1}{R_s}+\cfrac{1}{R_E}+\cfrac{1}{r_i}}} \tag{6.70}$$

となる．ベース接地回路でも，入力と出力が電気的に分離されていないので，入力インピーダンス z_i には負荷抵抗 R_L が，また出力インピーダンス z_o には信号源の出力抵抗 R_s が含まれる．

このように，ベース接地増幅回路では電圧増幅率は大きな値となるが，電流増幅率が 1 より小さく，また入力インピーダンス z_i が低いため，増幅回路としてはあまり使われない．入力と出力が同位相であることを利用して発振回路を構成する要素として使用される場合がある．

演 習 問 題

6.1 図 **6.13** の回路（エミッタ接地基本増幅回路）について，以下の問に答えよ．ただし，回路に挿入されているキャパシタの値は十分に大きく，信号に対するインピーダンスは無視できるものとする．

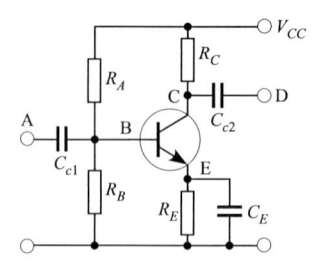

図 6.13 バイポーラトランジスタのエミッタ接地基本増幅回路

a) 交流信号に対する回路を y パラメータで表せ．
b) この回路に，出力インピーダンス R_s の信号源を入力側に接続し，負荷として R_L の抵抗を出力側に接続した場合について，電圧増幅率，電流増幅率，入力インピーダンス，出力インピーダンスを 3.3 節の y パラメータを用いた解析に基づいて算出し，6.2.2 項の解析と同じ結果が得られることを確かめよ．

6.2 図 6.14 の回路（コレクタ接地基本増幅回路）について，以下の問に答えよ．ただし，回路に挿入されているキャパシタの値は十分に大きく，信号に対するインピーダンスは無視できるものとする．

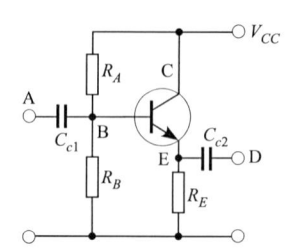

図 6.14 バイポーラトランジスタのコレクタ接地基本増幅回路

a) 交流信号に対する回路を y パラメータで表せ．
b) この回路に，出力インピーダンス R_s の信号源を入力側に接続し，負荷として R_L の抵抗を出力側に接続した場合について，電圧増幅率，電流増幅率，入力インピーダンス，出力インピーダンスを 3.3 節の y パラメータを用いた解析に基づいて算出し，6.3.2 項の解析と同じ結果が得られることを確かめよ．
c) 回路上の A〜E 点の電圧波形をできるだけ詳しく図示せよ．入力電圧の振幅よりも出力電圧の振幅が小さいこと，入力と出力が同相であることに注意せよ．

7. 基本増幅回路の周波数特性

これまではトランジスタや FET の周波数特性を無視して考えたが，実際の回路では素子自体の性能限界による効果や回路を構成するキャパシタやインダクタのインピーダンスが周波数に依存するため，回路の利得や入出力インピーダンスなどの回路の特性に周波数依存性が現れる．

高周波領域では，トランジスタの周波数限界で特性が制限され，低周波領域では結合キャパシタやバイパスキャパシタによって増幅できる最低周波数が決まる．増幅回路の特性すなわち増幅率や入出力インピーダンスが周波数に影響されないで動作する周波数範囲を帯域幅という．この章では，基本増幅回路の周波特性と帯域幅を考える．

7.1 利得の対数表現

電圧利得や電流利得の周波数依存性などを考える場合，その変化が数桁になり，通常の線形表現では表しにくくなる場合がある．そこで，電圧，電流，電力などを比率で表す場合に，デシベル（dB）という単位がしばしば用いられる．

電力 p_1 と p_2 の比をデシベル単位で表現した値を η_p とすれば，

$$\eta_p = 10 \log_{10}\left(\frac{p_2}{p_1}\right) \quad [\mathrm{dB}] \tag{7.1}$$

である．

電圧，電流は電力に対して 2 乗の関係にあるので，電圧比 η_v，電流比 η_i に対しては，

$$\eta_v = 20 \log_{10}\left(\frac{v_2}{v_1}\right) \quad [\mathrm{dB}] \tag{7.2}$$

$$\eta_i = 20 \log_{10}\left(\frac{i_2}{i_1}\right) \quad [\mathrm{dB}] \tag{7.3}$$

が用いられる．

電子回路の利得は，このデシベル（dB）という単位で表される場合が多い．電子回路で周波数などによる利得の変化を考える場合，−3 dB という値がしばしば取り上げられる．これは，電力比にして 1/2 すなわち電流または電圧比では $1/\sqrt{2}$ となることを意味している．

7.2 高周波数領域におけるトランジスタの等価回路

トランジスタや FET を高い周波数で使用する場合には，キャリアの走行時間や寄生容量など，低い周波数では無視できた様々な現象が問題となる．これらの現象を電子回路として取り扱うには，その現象に対応する等価回路を用いなければならない．

7.2.1 トランジスタの物性的周波数限界

トランジスタの高周波特性は，キャリアがベースを走行する時間で制限される．ベース走行時間を考慮すると，ベース接地電流増幅率 α は，

$$\alpha \Rightarrow \alpha \frac{1}{1+j\dfrac{\omega}{\omega_\alpha}} \tag{7.4}$$

となる．ここで，ω_α は α 遮断周波数と呼ばれる定数であり，ベース走行時間を τ_B とすればおおむね $\omega_\alpha \cong 1/\tau_B$ である．

ベース接地 T 形等価回路で，電流増幅率 α を式 (7.4) で置き換えれば，周波数特性を考慮した等価回路となる．

7.2.2 トランジスタの高周波等価回路

トランジスタの高周波限界はキャリアのベース走行時間で原理的には決まるが，実際の素子では電極間の静電容量などの効果がより著しい．これらの効果を考慮した様々な等価回路が考えられている．図 7.1 にトランジスタの高周波等価回路を示した．

素子の動作原理に基づく高周波等価回路としては，T 形等価回路に接合容量の効果を加味した高周波 T 形等価回路がある．これは，エミッタ接合とコレクタ接合の容量を考慮したものである．エミッタ接合は順バイアスで用いられるので，容

7.2 高周波数領域におけるトランジスタの等価回路   89

(a) トランジスタの記号

(b) 高周波 T 形等価回路

(c) 高周波 π 形等価回路

(d) 簡易高周波等価回路

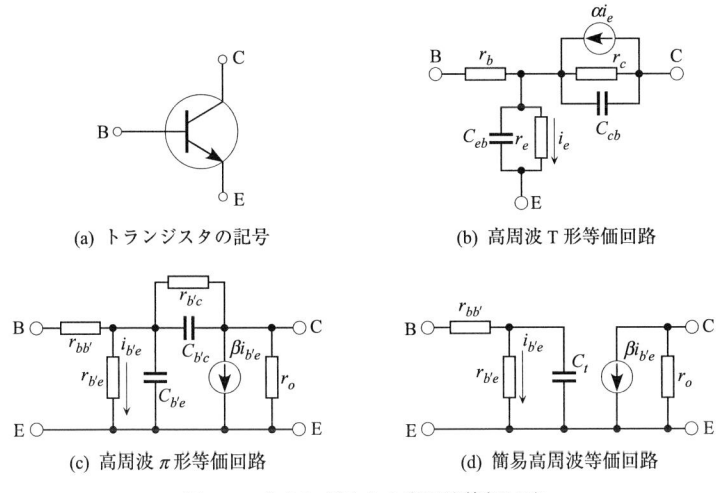

図 **7.1** トランジスタの高周波等価回路

量としては拡散容量と呼ばれる少数キャリアの蓄積に関与した容量成分が主となる．コレクタ接合は逆バイアス状態で用いられるので，空乏層量が支配的である．

実際には図7.1(c)の高周波π形等価回路と呼ばれる等価回路が用いられる場合が多い．これは，ベース抵抗を真性ベース（b'）とエミッタとの間の抵抗 $r_{b'e}$ とベース電極抵抗 $r_{b'b}$ とに分け，$r_{b'e}$ と並列に容量 $C_{b'e}$ を，コレクタと真性ベース間に容量 $C_{b'c}$ を考えるものである．

この等価回路は，コレクタ・ベース間容量 $C_{b'c}$ によって，出力の一部が入力に戻る（帰還される）ため，回路解析が複雑となる．コレクタと真性ベース間の抵抗 $r_{b'c}$ やコレクタ・エミッタ間容量 C_{ce} と抵抗 r_{ce} の影響は他の要素に比べて小さいので，解析を容易にするためにこれらを無視し，ベース・エミッタ間容量 $C_{b'e}$ を，コレクタ・ベース間容量 $C_{b'c}$ の効果も加味した容量 C_t として $C_{b'c}$ を省略した図7.1(d)の等価回路がしばしば用いられる．

7.2.3 簡易高周波等価回路による高周波特性の考え方

図7.1(d) の簡易高周波等価回路を用いて高周波数領域の特性を考える．ベース電流は真性ベースとエミッタ間の抵抗 $r_{b'e}$ と C_t とに分流され，抵抗 $r_{b'e}$ に流れる電流 $i_{b'e}$ だけが増幅に寄与する．周波数を高くすると容量 C_t のインピーダンスが低くなるために抵抗 $r_{b'e}$ に流れる電流が減少し，増幅率が低くなる．

(a) 簡易高周波等価回路   (b) 低周波簡易等価回路との対応

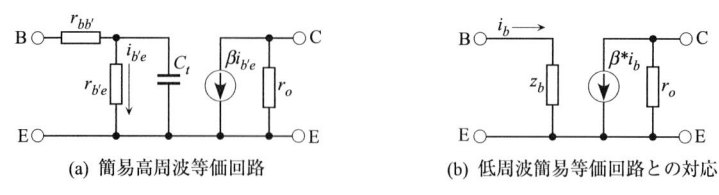

図 7.2　簡易高周波等価回路を低周波簡易等価回路と比較するためのモデル

前章で述べた簡易等価回路を用いた解析と比較して検討するため，図 7.1(d) の簡易高周波等価回路を図 **7.2** のように考える．ここで，

$$z_i = r_{bb'} + \frac{r_{b'e}}{1 + j\omega C_t r_{b'e}} \tag{7.5}$$

$$\beta i_{b'e} = \beta \frac{1}{1 + j\omega C_t r_{b'e}} i_b = \beta^* i_b \tag{7.6}$$

$$\beta^* \equiv \beta \frac{1}{1 + j\omega C_t r_{b'e}} \tag{7.7}$$

である．

前章で簡易等価回路を用いて解析した結果について，r_i を z_i に，β を β^* に置き換えると高周波数領域の特性が得られる．

式 (7.7) より，周波数を限りなく高くすると高周波数領域の電流増幅率 β^* は，

$$\lim_{\omega \to \infty} \beta^* = \lim_{\omega \to \infty} \beta \frac{1}{1 + j\omega C_t r_{b'e}} = 0 \tag{7.8}$$

となる．すなわち，周波数が高くなると電流がほとんどすべて容量 C_t を流れるようになるため，抵抗 $r_{b'e}$ に流れる電流が減少し，増幅が行われなくなる．

7.3　基本増幅回路の高周波特性

トランジスタを用いた回路の周波数特性は，トランジスタ自体の特性に加えて，バイアス回路や結合回路の特性も影響する．

高周波では，結合キャパシタやバイパスキャパシタは，インピーダンスが小さくなり，周波数特性には影響しない．したがって，トランジスタの周波数特性が回路の周波数特性として現れる．

7.3.1　高周波数領域の利得と入出力インピーダンス

図 **7.3** に示したような，最も基本的な回路であるエミッタ接地増幅回路につい

7.3 基本増幅回路の高周波特性

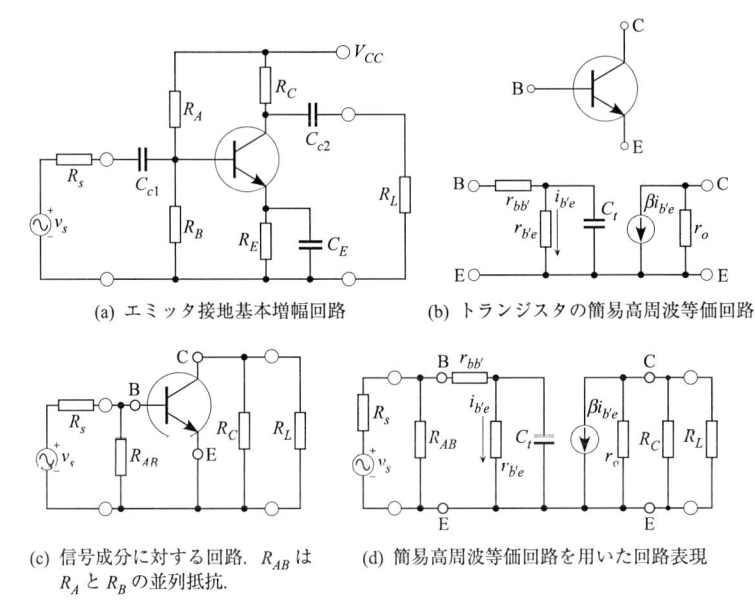

図 7.3 エミッタ接地増幅回路の高周波等価回路

(a) エミッタ接地基本増幅回路
(b) トランジスタの簡易高周波等価回路
(c) 信号成分に対する回路. R_{AB} は R_A と R_B の並列抵抗.
(d) 簡易高周波等価回路を用いた回路表現

て考える.トランジスタの等価回路として図 7.1(d)(図 7.2(a))を用いる.

出力電圧 v_o は,

$$-\beta i_{b'e} + \frac{0 - v_o}{r_o} + \frac{0 - v_o}{R_C} + \frac{0 - v_o}{R_L} = 0 \tag{7.9}$$

$$i_{b'e} = \frac{\dfrac{1}{j\omega C_t}}{r_{b'e} + \dfrac{1}{j\omega C_t}} \cdot \frac{v_i}{r_{b'b} + \dfrac{r_{b'e} \dfrac{1}{j\omega C_t}}{r_{b'e} + \dfrac{1}{j\omega C_t}}} \tag{7.10}$$

より,

$$v_o = -\frac{\beta i_{b'e}}{\dfrac{1}{r_o} + \dfrac{1}{R_C} + \dfrac{1}{R_L}}$$

$$= \frac{-\beta}{\dfrac{1}{r_o} + \dfrac{1}{R_C} + \dfrac{1}{R_L}}$$

$$\times \frac{\dfrac{1}{j\omega C_t}}{r_{b'e} + \dfrac{1}{j\omega C_t}} \frac{v_i}{r_{b'b} + \dfrac{r_{b'e}\dfrac{1}{j\omega C_t}}{r_{b'e} + \dfrac{1}{j\omega C_t}}}$$

$$= -\frac{\dfrac{\beta v_i}{r_{b'b} + r_{b'e}}}{\dfrac{1}{r_o} + \dfrac{1}{R_C} + \dfrac{1}{R_L}} \frac{1}{1 + j\omega C_t \left(\dfrac{r_{b'b} r_{b'e}}{r_{b'b} + r_{b'e}} \right)} \quad (7.11)$$

であり，出力電流 i_o は，

$$i_o = \frac{v_o}{R_L}$$

$$= -\frac{\dfrac{\beta v_i}{r_{b'b} + r_{b'e}}}{R_L \left(\dfrac{1}{r_o} + \dfrac{1}{R_C} + \dfrac{1}{R_L} \right)} \frac{1}{1 + j\omega C_t \left(\dfrac{r_{b'b} r_{b'e}}{r_{b'b} + r_{b'e}} \right)} \quad (7.12)$$

である．

電圧利得 A_v は，

$$A_v = \frac{v_o}{v_i}$$

$$= -\frac{\dfrac{\beta}{r_{b'b} + r_{b'e}}}{\left(\dfrac{1}{r_o} + \dfrac{1}{R_C} + \dfrac{1}{R_L} \right)} \frac{1}{1 + j\omega C_t \left(\dfrac{r_{b'b} r_{b'e}}{r_{b'b} + r_{b'e}} \right)}$$

$$= A_{v0} \frac{1}{1 + j\omega C_t \left(\dfrac{r_{b'b} r_{b'e}}{r_{b'b} + r_{b'e}} \right)} = A_{v0} \frac{1}{1 + j\dfrac{\omega}{\omega_{hv}}} \quad (7.13)$$

$$A_{v0} \equiv -\frac{\dfrac{\beta}{r_{b'b} + r_{b'e}}}{\dfrac{1}{r_o} + \dfrac{1}{R_C} + \dfrac{1}{R_L}} \quad (7.14)$$

$$\frac{1}{\omega_{hv}} \equiv C_t \left(\frac{r_{b'b} r_{b'e}}{r_{b'b} + r_{b'e}} \right) \quad (7.15)$$

となる．

　ここで，A_{v0} は中間周波数領域（キャパシタの効果が無視できる周波数領域）における電圧利得であり，ω_{hv} は電圧利得が中間周波数領域の値の $1/\sqrt{2}$ になる

（3 dB 低下する）周波数で，高域遮断周波数と呼ばれる．

入力電流 i_i は，バイアス抵抗 R_A と R_B の並列抵抗値を R_{AB} とすれば，

$$R_{AB} = \frac{R_A R_B}{R_A + R_B} \tag{7.16}$$

であり，

$$i_i = \frac{v_i}{R_{AB}} + \frac{v_i}{r_{b'b} + \dfrac{1}{\dfrac{1}{r_{b'e}} + j\omega C_t}} \tag{7.17}$$

であるから，電流利得 A_i は，

$$A_i = \frac{i_o}{i_i} = \frac{\dfrac{v_o}{R_L}}{i_i} = \frac{v_o}{v_i} \cdot \frac{\dfrac{1}{R_L}}{\dfrac{1}{R_{AB}} + \dfrac{1}{r_{b'b} + \dfrac{1}{\dfrac{1}{r_{b'e}} + j\omega C_t}}}$$

$$= A_v \frac{\dfrac{1}{R_L}}{\dfrac{1}{R_{AB}} + \dfrac{1}{r_{b'b} + r_{b'e}} \cdot \dfrac{1 + j\omega C_t r_{b'e}}{1 + j\omega C_t \dfrac{r_{b'b} r_{b'e}}{r_{b'b} + r_{b'e}}}}$$

$$= A_{v0} \frac{1}{1 + j\omega C_t \left(\dfrac{r_{bb'} r_{b'e}}{r_{bb'} + r_{b'e}} \right)}$$

$$\times \frac{\dfrac{1}{R_L}}{\dfrac{1}{R_{AB}} + \dfrac{1}{r_{bb'} + r_{b'e}} \cdot \dfrac{1 + j\omega C_t r_{b'e}}{1 + j\omega C_t \dfrac{r_{bb'} r_{b'e}}{r_{bb'} + r_{b'e}}}}$$

$$= A_{v0} \frac{\dfrac{1}{R_L}}{\dfrac{1}{R_{AB}} + \dfrac{1}{r_{bb'} + r_{b'e}} + j\omega C_t \dfrac{r_{b'e}(r_{bb'} + R_{AB})}{r_{bb'} + r_{b'e} + R_{AB}}}$$

$$= A_{i0} \frac{1}{1 + j\dfrac{\omega}{\omega_{hi}}} \tag{7.18}$$

$$A_{i0} \equiv A_{v0} \frac{\dfrac{1}{R_L}}{\dfrac{1}{R_{AB}} + \dfrac{1}{r_{b'b} + r_{b'e}}} \tag{7.19}$$

$$\frac{1}{\omega_{hi}} \equiv C_t \frac{r_{b'e}(r_{b'b} + R_{AB})}{r_{b'b} + r_{b'e} + R_{AB}} \tag{7.20}$$

となる．ここで，A_{i0} は中間周波数領域（キャパシタの効果が無視できる周波数領域）での電流利得であり，ω_{hi} は電流利得に対する遮断周波数である．

電圧利得に対する遮断周波数 ω_{hv} と電流利得に対する遮断周波数 ω_{hi} が異なる原因は，電流利得の低下が入力電圧が $r_{b'e}$ と C_t との並列インピーダンスと $r_{b'b}$ とで分圧され，周波数が高くなるにつれて増幅作用に対して直接的に関与する $r_{b'e}$ と C_t との並列インピーダンス両端の電位差が小さくなるためであるのに対して，電流利得の低下は入力電流が $r_{b'e}$ と C_t に分流され，周波数が高くなると有効な電流成分である $r_{b'e}$ に流れる電流が少なくなることに起因しているためである．

入力インピーダンスは，

$$\frac{1}{Z_i} = \frac{i_i}{v_i} = \frac{1}{R_{AB}} + \frac{1}{r_{b'b} + \dfrac{1}{\dfrac{1}{r_{b'e}} + j\omega C_t}} \tag{7.21}$$

出力インピーダンスは，出力端の開放電圧と短絡電流から求める．図 7.3 の回路では，

$$v_i = \frac{Z_i}{Z_i + R_s} v_s \tag{7.22}$$

であるから，開放電圧と短絡電流を v_s で表すと，

$$\begin{aligned}v_{open} &= (v_o)_{R_L \to \infty} \\ &= -\frac{\beta v_s}{\left(\dfrac{1}{r_o} + \dfrac{1}{R_C}\right)(r_{b'b} + r_{b'e})} \frac{1}{1 + j\omega C_t \left(\dfrac{r_{b'b} r_{b'e}}{r_{b'b} + r_{b'e}}\right)} \frac{Z_i}{Z_i + R_s}\end{aligned} \tag{7.23}$$

$$i_{short} = (i_o)_{R_L \to 0} = -\frac{\beta v_s}{(r_{b'b} + r_{b'e})} \frac{1}{1 + j\omega C_t \left(\dfrac{r_{b'b} r_{b'e}}{r_{b'b} + r_{b'e}}\right)} \frac{Z_i}{Z_i + R_s} \tag{7.24}$$

より，

$$Z_o = \frac{v_{open}}{i_{short}} = \frac{r_o R_C}{r_o + R_C} \tag{7.25}$$

となる[*1]．

[*1] 計算しなくとも図 7.3 の回路をみただけでわかる．

7.3.2 高周波数領域の周波数特性

電圧利得に着目して，高周波数領域における周波数特性を考える．高域遮断周波数を ω_h とすれば，式 (7.13) より，

$$A_v(\omega) = A_{v0} \frac{1}{1 + j\dfrac{\omega}{\omega_h}} \tag{7.26}$$

であり，電圧増幅率の大きさは，

$$|A_v(\omega)| = A_{v0} \frac{1}{\sqrt{1 + \dfrac{\omega^2}{\omega_h^2}}} \tag{7.27}$$

となる．

ここで，dB 単位で表した電圧利得を G_v とすれば，

$$G_v = 20\log_{10}|A_v(\omega)| = 20\log_{10} A_{v0} + 20\log_{10}\left(\frac{1}{\sqrt{1 + \dfrac{\omega^2}{\omega_h^2}}}\right)$$

$$= 20\log_{10} A_{v0} - 10\log_{10}\left(1 + \frac{\omega^2}{\omega_h^2}\right) = G_{v0} - 10\log_{10}\left(1 + \frac{\omega^2}{\omega_h^2}\right)$$

$$G_{v0} \equiv 20\log_{10} A_{v0} \tag{7.28}$$

となる．ここで，G_{v0} は中間周波数領域（キャパシタの効果を無視できる領域）における電圧利得である．これを図示すると，図 **7.4** のようになる．

式 (7.28) で，$\omega = \omega_h$ とすれば，

$$G_v(\omega_h) = G_{v0} - 10\log_{10}\left(1 + \frac{\omega_h^2}{\omega_h^2}\right)$$

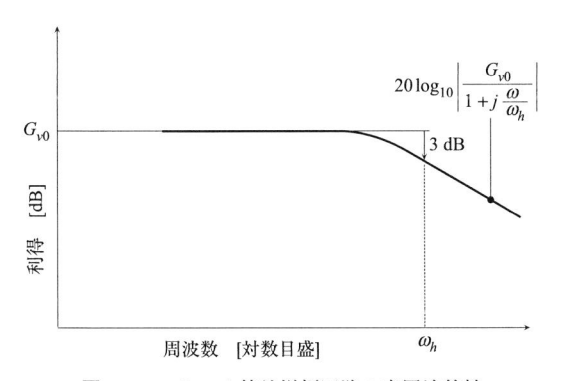

図 **7.4** エミッタ接地増幅回路の高周波特性

$$= G_{v0} - 10\log_{10} 2 = G_{v0} - 10 \times 0.301 \cdots$$
$$\cong G_{v0} - 3 \tag{7.29}$$

であり，中間周波数領域の値から -3 dB の値となる周波数が高域遮断周波数 ω_h であることがわかる．

7.4 基本増幅回路の低周波数限界

結合キャパシタやバイパスキャパシタは信号に対するインピーダンスが無視できるような値に設計されるが，周波数が低くなるとインピーダンスが高くなる（$z = 1/j\omega C$）ため増幅率（利得）が低下する．

7.4.1 結合キャパシタによる低周波増幅率の低下

結合キャパシタは直流を遮断し，入力信号を通過させるために用いられる．したがって，入力信号の周波数ではインピーダンスが無視できるような値のキャパシタを使用する．しかしながら，周波数が低くなるとインピーダンスが高くなるため，トランジスタの入力に達する信号が入力よりも著しく小さくなる．このため，周波数を低くすると増幅率が低下する．

図 **7.5** に結合キャパシタの影響を解析するための回路を示した．結合キャパシタの影響だけを調べるため，エミッタバイパスキャパシタは十分に大きいと考えた．このため図 7.5(c), (d) ではエミッタバイパスキャパシタは無視されている．

図 7.5 で $r_b \equiv r_{bb'} + r_{b'e}$ と置けば，ベース電流 $i_{b'e}$ は，

$$\begin{aligned}
i_{b'e} &= \frac{v_i}{\dfrac{1}{j\omega C_{c1}} + \dfrac{1}{\dfrac{1}{R_{AB}} + \dfrac{1}{r_b}}} \frac{R_{AB}}{R_{AB} + r_b} \\
&= \frac{v_i}{r_b} \frac{1}{1 + \dfrac{1}{j\omega C_{c1}}\left(\dfrac{1}{R_{AB}} + \dfrac{1}{r_b}\right)} = \frac{v_i}{r_b} \frac{1}{1 + \dfrac{\omega_{cc1}}{j\omega}} \quad (7.30)
\end{aligned}$$

$$\omega_{cc1} \equiv \frac{1}{C_{c1}}\left(\frac{1}{R_{AB}} + \frac{1}{r_b}\right)$$

であり，出力電圧 v_o は，

7.4 基本増幅回路の低周波数限界

(a) エミッタ接地基本増幅回路

(b) トランジスタの簡易高周波等価回路

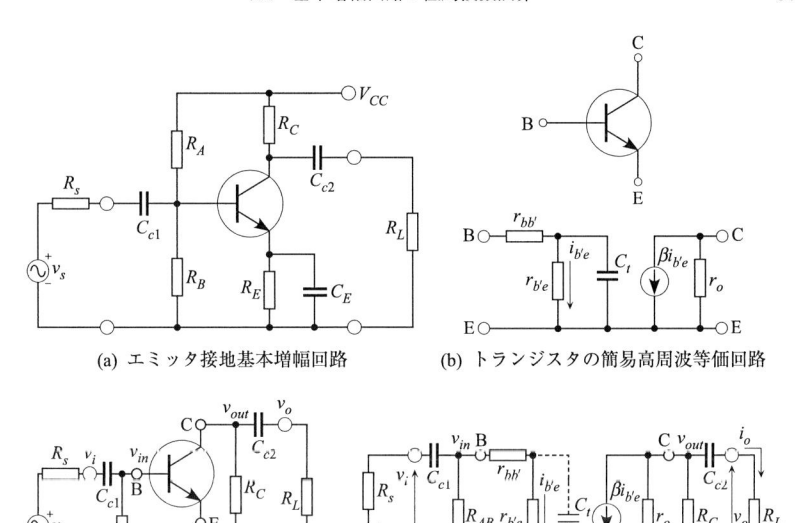

(c) 結合キャパシタの影響を考慮．エミッタキャパシタは十分大きいと考えて無視した．R_{AB} は R_A と R_B の並列抵抗．

(d) 簡易高周波等価回路を用いた回路表現．低周波数領域なので，C_t のインピーダンスは無視できる．

図 **7.5** 低周波数領域での結合キャパシタの影響

$$v_o = -\beta i_{b'e} \frac{1}{\dfrac{1}{r_o} + \dfrac{1}{R_C} + \dfrac{1}{R_L + \dfrac{1}{j\omega C_{c2}}}} \frac{R_L}{R_L + \dfrac{1}{j\omega C_{c2}}}$$

$$= -\frac{\beta i_{b'e}}{\dfrac{1}{r_o} + \dfrac{1}{R_C} + \dfrac{1}{R_L}} \frac{1}{1 + \dfrac{1}{j\omega C_{c2}\left(\dfrac{r_o R_C}{r_o + R_C} + R_L\right)}}$$

$$= -\frac{\beta}{\dfrac{1}{r_o} + \dfrac{1}{R_C} + \dfrac{1}{R_L}} \frac{v_i}{r_b} \frac{1}{1 + \dfrac{\omega_{cc1}}{j\omega}} \frac{1}{1 + \dfrac{\omega_{cc2}}{j\omega}} \quad (7.31)$$

$$\frac{1}{\omega_{cc2}} \equiv C_{c2}\left(\frac{r_o R_C}{r_o + R_C} + R_L\right)$$

となるので，電圧増幅率 $A_v = v_o/v_i$ は，

$$A_v = \frac{v_o}{v_i} = -\frac{\dfrac{\beta}{r_b}}{\dfrac{1}{r_o}+\dfrac{1}{R_C}+\dfrac{1}{R_L}} \frac{1}{1+\dfrac{\omega_{cc1}}{j\omega}} \frac{1}{1+\dfrac{\omega_{cc2}}{j\omega}}$$

$$= A_{v0} \frac{1}{1+\dfrac{\omega_{cc1}}{j\omega}} \frac{1}{1+\dfrac{\omega_{cc2}}{j\omega}} \qquad (7.32)$$

$$A_{v0} \equiv -\frac{\dfrac{\beta}{r_b}}{\dfrac{1}{r_o}+\dfrac{1}{R_C}+\dfrac{1}{R_L}}$$

となる.A_{v0} はキャパシタの影響が無視できる周波数領域(中間周波数領域)における電圧増幅率である.

周波数低下による増幅率の減少の状態は低域遮断周波数により表現される.周波数を下げたとき電力利得が中間周波数領域の値に対して 1/2 となる周波数が低域遮断周波数である[*2)].実際の低域遮断周波数は ω_{cc1} と ω_{cc2} の高い方の値で決まる.

周波数を下げると増幅率が低下する現象はキャパシタにより入力電圧の一部が消費されるために発生する.このことを明確に表すために,以下のように考えることができる.

図 **7.6** から,ベース電流 $i_{b'e}$ は,

$$\begin{aligned}
i_{b'e} &= \frac{1}{r_b} \frac{v_i}{\dfrac{1}{j\omega C_{c1}}+\dfrac{r_b R_{AB}}{r_b+R_{AB}}} \frac{R_{AB}}{r_b+R_{AB}} \\
&= \frac{v_i}{r_b} \frac{1}{1+\dfrac{1}{j\omega C_{c1}}\left(\dfrac{1}{r_b}+\dfrac{1}{R_{AB}}\right)}
\end{aligned} \qquad (7.33)$$

となる.

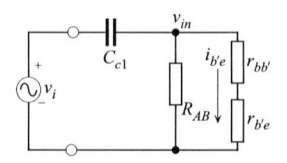

図 **7.6** 入力側の結合キャパシタによる低周波領域での電圧増幅率の低下

[*2)] 電圧,電流は $1/\sqrt{2}$ になる.

7.4 基本増幅回路の低周波数限界

出力側の結合キャパシタについても同様に考えることができる．現象を明確に表すために，電流源を電圧源に置き換えて考えると，図 **7.7** のようになる．出力電圧は，電圧源の値を抵抗とキャパシタで分圧しているので，

$$v_o = \frac{R_L}{\dfrac{r_o R_C}{r_o + R_C} + \dfrac{1}{j\omega C_{c2}} + R_L}\left(-\frac{r_o R_C}{r_o + R_C}\beta i_{b'e}\right)$$

$$= -\frac{\dfrac{\beta}{r_b}v_i}{\dfrac{1}{r_o}+\dfrac{1}{R_C}+\dfrac{1}{R_L}+\dfrac{1}{j\omega C_{c2}}\dfrac{1}{R_L}\left(\dfrac{1}{r_o}+\dfrac{1}{R_C}\right)}\cdot\frac{1}{1+\dfrac{1}{j\omega C_{c1}}\left(\dfrac{1}{r_b}+\dfrac{1}{R_{AB}}\right)}$$

$$= -\frac{\dfrac{\beta}{r_b}}{\dfrac{1}{r_o}+\dfrac{1}{R_C}+\dfrac{1}{R_L}}\cdot\frac{1}{1+\dfrac{1}{j\omega C_{c2}}\dfrac{1}{\dfrac{r_o R_C}{r_o+R_C}+R_L}}\cdot\frac{1}{1+\dfrac{1}{j\omega C_{c1}}\left(\dfrac{1}{r_b}+\dfrac{1}{R_{AB}}\right)}v_i \tag{7.34}$$

となる．したがって，電圧増幅率は式 (7.32) と同様に，

$$A_v = \frac{v_o}{v_i}$$

$$= -\frac{\dfrac{\beta}{r_b}}{\dfrac{1}{r_o}+\dfrac{1}{R_C}+\dfrac{1}{R_L}}\cdot\frac{1}{1+\dfrac{1}{j\omega C_{c2}}\dfrac{1}{\dfrac{r_o R_C}{r_o+R_C}+R_L}}\cdot\frac{1}{1+\dfrac{1}{j\omega C_{c1}}\left(\dfrac{1}{r_b}+\dfrac{1}{R_{AB}}\right)}$$

$$= A_{v0}\frac{1}{1+\dfrac{\omega_{cc2}}{j\omega}}\frac{1}{1+\dfrac{\omega_{cc1}}{j\omega}} \tag{7.35}$$

となる．

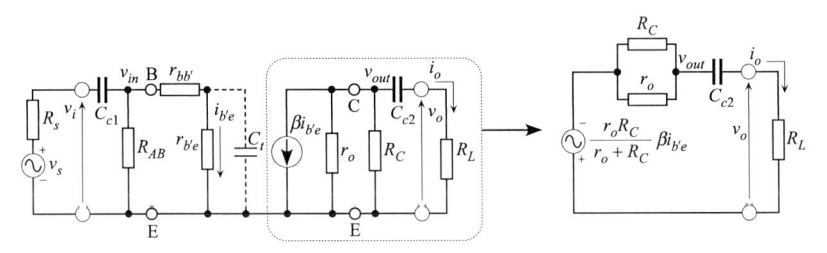

図 **7.7** 出力側の結合キャパシタによる低周波領域での電圧増幅率の低下

式 (7.32) または式 (7.35) で表される電圧利得 $20\log_{10}(v_o/v_i)$ を周波数に対して図示すると図 **7.8** のようになる．ここでは $\omega_{cc1} < \omega_{cc2}$ とした．

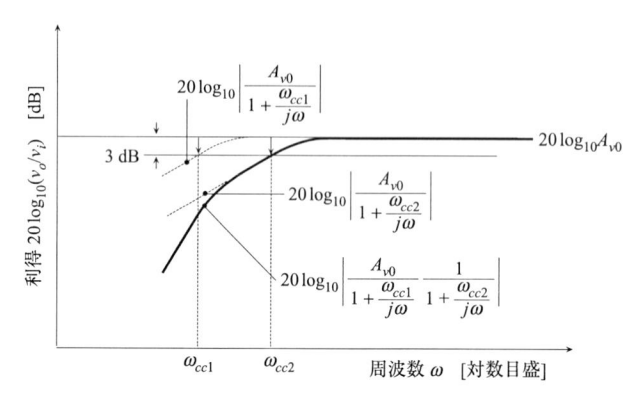

図 **7.8** 結合キャパシタによる低周波領域での電圧増幅率の低下

出力電圧は，低周波ではキャパシタのインピーダンスが無視できなくなるため低下し，入力信号の周波数が ω_{cc1} と ω_{cc2} のどちらか大きい方の周波数にまで低くなった時点で -3 dB 低い値となる．したがって，結合キャパシタの値は，信号の周波数に比べて ω_{cc1} と ω_{cc2} のどちらも十分低くなるように選ばなければならない．

7.4.2 エミッタバイパスキャパシタの影響

エミッタ抵抗とこれに並列に接続されたバイパスキャパシタの効果は帰還効果であり，結合キャパシタよりも複雑である．図 **7.9** にエミッタ抵抗とエミッタバイパスキャパシタの効果を解析するためのモデルを示した．エミッタバイパスキャパシタの影響だけを調べるために結合キャパシタは十分に大きく無視できると考えた．エミッタ抵抗は，図 7.9(c), (d) のように増幅回路と接地の間に直列に存在する．

入力信号 v_i は接地と入力端子の間に加えられ，出力電圧 v_o は出力端子と接地の間に現れる．

図 7.9(d) のように，入力と出力の中間にあるエミッタ接点の電位を v_e とすれば，

$$\frac{v_i - v_e}{r_b} + \frac{0 - v_e}{R_E} + j\omega C_E(0 - v_e) + \beta i_{b'e} + \frac{v_o - v_e}{r_o} = 0 \quad (7.36)$$

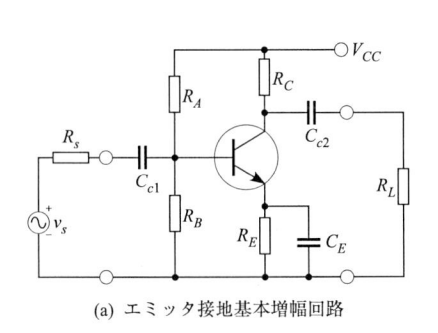

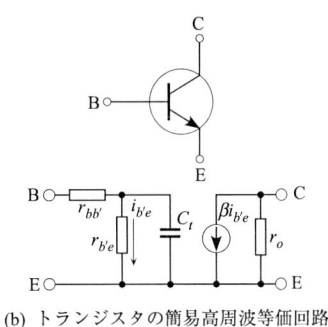

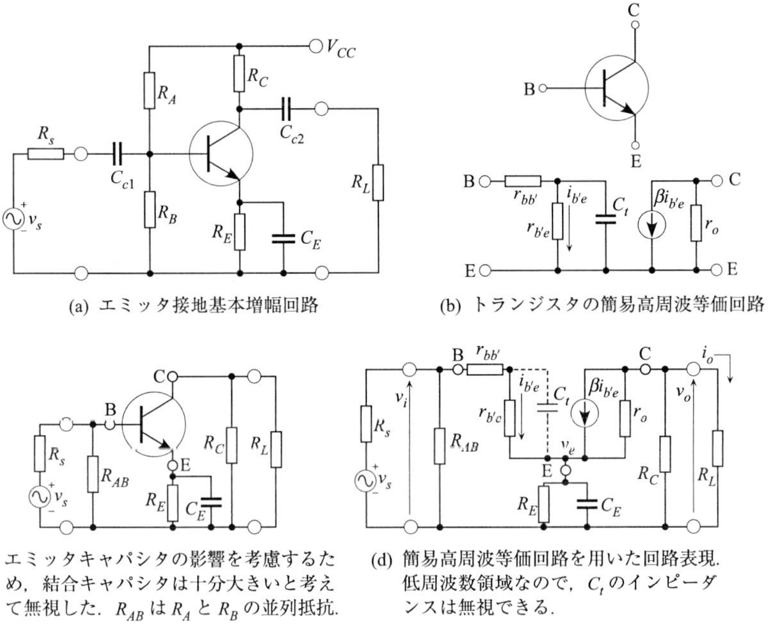

7.4 基本増幅回路の低周波数限界

(a) エミッタ接地基本増幅回路

(b) トランジスタの簡易高周波等価回路

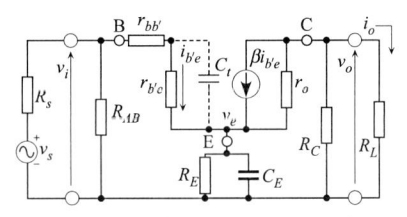

(c) エミッタキャパシタの影響を考慮するため，結合キャパシタは十分大きいと考えて無視した．R_{AB} は R_A と R_B の並列抵抗．

(d) 簡易高周波等価回路を用いた回路表現．低周波数領域なので，C_t のインピーダンスは無視できる．

図 **7.9** エミッタバイパスキャパシタの影響を解析するためのモデル

$$-\beta i_{b'e} + \frac{v_e - v_o}{r_o} + \frac{0 - v_o}{R_C} + \frac{0 - v_o}{R_L} = 0 \quad (7.37)$$

を解いて，$A_v = v_o/v_i$ を求める．ただし，

$$i_{b'e} = \frac{v_i - v_e}{r_b} \quad (7.38)$$

$$r_b \equiv r_{bb'} + r_{b'e} \quad (7.39)$$

である．

式 (7.36) から v_e を求めると，

$$v_e = \frac{\dfrac{1+\beta}{r_b} v_i + \dfrac{1}{r_o} v_o}{\dfrac{1+\beta}{r_b} + \dfrac{1}{R_E} + j\omega C_E + \dfrac{1}{r_o}} \quad (7.40)$$

式 (7.37) を変形すると，

$$-\frac{\beta}{r_b} v_i + \left(\frac{\beta}{r_b} + \frac{1}{r_o}\right) v_e = \left(\frac{1}{r_o} + \frac{1}{R_C} + \frac{1}{R_L}\right) v_o \quad (7.41)$$

式 (7.41) の v_e に式 (7.40) を代入すると，

$$-\frac{\beta}{r_b}v_i + \left(\frac{\beta}{r_b} + \frac{1}{r_o}\right) \frac{\dfrac{1+\beta}{r_b}v_i + \dfrac{1}{r_o}v_o}{\dfrac{1+\beta}{r_b} + \dfrac{1}{R_E} + j\omega C_E + \dfrac{1}{r_o}}$$

$$= \left(\frac{1}{r_o} + \frac{1}{R_C} + \frac{1}{R_L}\right)v_o \qquad (7.42)$$

となる.

この式を整理して $A_v = v_o/v_i$ を求めると,

$$\frac{v_o}{v_i} = \frac{-\dfrac{\beta}{r_b} + \dfrac{\left(\dfrac{\beta}{r_b} + \dfrac{1}{r_o}\right)\dfrac{1+\beta}{r_b}}{\dfrac{1+\beta}{r_b} + \dfrac{1}{r_o} + \dfrac{1}{R_E} + j\omega C_E}}{\dfrac{1}{r_o} + \dfrac{1}{R_C} + \dfrac{1}{R_L} - \dfrac{\left(\dfrac{\beta}{r_b} + \dfrac{1}{r_o}\right)\dfrac{1}{r_o}}{\dfrac{1+\beta}{r_b} + \dfrac{1}{r_o} + \dfrac{1}{R_E} + j\omega C_E}}$$

$$= -\frac{\dfrac{\beta}{r_b}}{\dfrac{1}{r_o} + \dfrac{1}{R_C} + \dfrac{1}{R_L}}$$

$$\times \frac{j\omega C_E + \dfrac{1}{R_E} - \dfrac{1}{\beta r_o}}{j\omega C_E + \dfrac{1}{R_E} + \dfrac{1}{r_b} + \left(\dfrac{\beta}{r_b} + \dfrac{1}{r_o}\right)\dfrac{\dfrac{1}{R_C} + \dfrac{1}{R_L}}{\dfrac{1}{r_o} + \dfrac{1}{R_C} + \dfrac{1}{R_L}}}$$

$$= A_{v0} \frac{j\omega C_E + \dfrac{1}{R_{E1}}}{j\omega C_E + \dfrac{1}{R_{E2}}} = A_{v0} \frac{1 + \dfrac{1}{j\omega C_E R_{E1}}}{1 + \dfrac{1}{j\omega C_E R_{E2}}} = A_{v0} \frac{1 + \dfrac{\omega_{ce1}}{j\omega}}{1 + \dfrac{\omega_{ce2}}{j\omega}}$$

$$(7.43)$$

である. ここで,

$$A_{v0} \equiv -\frac{\dfrac{\beta}{r_b}}{\dfrac{1}{r_o} + \dfrac{1}{R_C} + \dfrac{1}{R_L}}$$

$$\frac{1}{R_{E1}} \equiv \frac{1}{R_E} - \frac{1}{\beta r_o}$$

$$\frac{1}{R_{E2}} \equiv \frac{1}{R_E} + \frac{1}{r_b} + \left(\frac{\beta}{r_b} + \frac{1}{r_o}\right) \frac{\dfrac{1}{R_C} + \dfrac{1}{R_L}}{\dfrac{1}{r_o} + \dfrac{1}{R_C} + \dfrac{1}{R_L}}$$

$$= \frac{1}{R_E} + \frac{1}{r_b} + \left(\frac{\beta}{r_b} + \frac{1}{r_o}\right) \frac{1}{1 + \dfrac{\dfrac{1}{r_o}}{\dfrac{1}{R_C} + \dfrac{1}{R_L}}}$$

$$\cong \frac{1}{R_E} + \frac{1}{r_b} + \frac{\beta}{r_b} + \frac{1}{r_o} \cong \frac{1}{R_E} + \frac{1+\beta}{r_b}$$

$$\omega_{ce1} \equiv \frac{1}{C_E R_{E1}}$$

$$\omega_{ce2} \equiv \frac{1}{C_E R_{E2}}$$

である.

2つの周波数 ω_{ce1} と ω_{ce2} の大小は,

$$\frac{1}{R_{E1}} < \frac{1}{R_{E2}} \tag{7.44}$$

であるから,

$$\omega_{ce1} < \omega_{ce2} \tag{7.45}$$

である.

この式は,ω_{ce1},ω_{ce2} という2つの遮断周波数で決められる.ω_{ce1} が含まれる部分は分子に現れ,周波数 ω_{ce1} 以下の値では周波数を低くするに従って電圧増幅率はほぼ ω に比例して増大する.一方 ω_{ce2} は分母に現れ,この周波数以下では周波数を低くすると値は減少する.この減少の割合と増加の割合は等しいので,周波数が極度に低いと一定値になる.式 (7.43) を図示すると,図 **7.10** のようになる.エミッタバイパスキャパシタの値は,ω_{ce2} が信号周波数よりも十分に小さくなるように選ばなければならない.

7.5 帯　域　幅

回路の特性に周波数依存性がある場合,所定の使用で機能する周波数領域を帯域幅という.利得を問題にする場合には,基準となる値に対して −3 dB 以上の範囲,すなわち,利得が基準値の 1/2 となるまでの範囲を帯域幅とする.

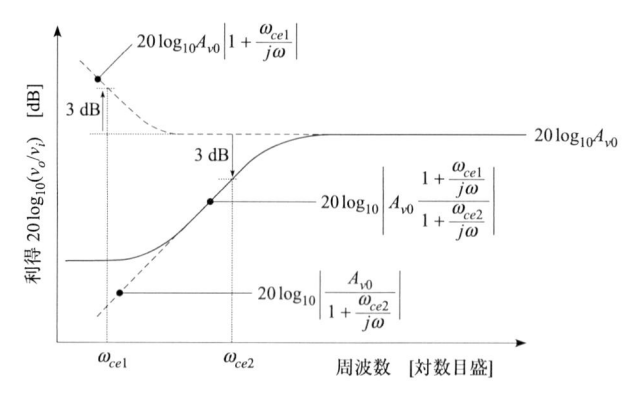

図 **7.10** エミッタバイパスキャパシタの影響による低周波数領域の周波数特性

7.5.1 遮断周波数と帯域幅

前節までの解析で，それぞれの効果を個別に解析した場合，電圧増幅率は周波数特性を含まない項と周波数特性を表す式の積の形で表された．このことから，高周波数領域と低周波数領域のすべての領域で周波数特性は，それぞれの効果を独立に解析した場合の積で近似することができることがわかる．すなわち，式 (7.13)，(7.32)，(7.43) から全周波数領域の電圧増幅率は，

$$A_v = \frac{v_o}{v_i} = A_{v0} \frac{1}{1+\frac{j\omega}{\omega_h}} \frac{1}{1+\frac{\omega_{cc1}}{j\omega}} \frac{1}{1+\frac{\omega_{cc2}}{j\omega}} \frac{1+\frac{\omega_{ce1}}{j\omega}}{1+\frac{\omega_{ce2}}{j\omega}} \quad (7.46)$$

と近似することができる．これを図示すると図 **7.11** のようになる．

低周波数領域では，$\omega_{ce1} < \omega_{ce2} < \omega_{cc1} < \omega_{cc2}$ とした．このため，図 7.11 では，低周波数領域の特性は低域遮断周波数の中で最も高い値 ω_{cc2} によって制限されている．

高周波数領域では，トランジスタの高周波数特性により高域遮断周波数が決められる．帯域幅は中間周波数領域の値に対して利得の低下が 3 dB 以内の周波数領域であるから，図 7.11 の場合は ω_h から ω_{cc2} までの $\omega_h - \omega_{cc2}$ が該当する．

周波数特性を決める要因が多数存在する場合は，それらをすべて考慮する必要がある．しかしながら，一般にはすべてが同時に影響する場合は少なく，低域では最も高い低域遮断周波数を与える現象を，高域では最も低い高域遮断周波数を示す現象をそれぞれ考慮すればよい．これは，低域では最も高い低域遮断周波数が，また高域では最も低い高域遮断周波数が回路全体の帯域幅を支配するからで

7.5 帯域幅

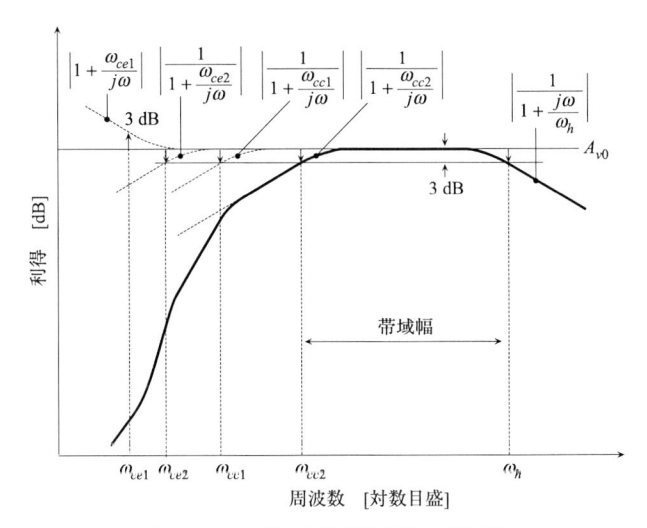

図 7.11 利得の周波数依存性と帯域幅

ある．

7.5.2 結合キャパシタ，エミッタバイパスキャパシタの決め方

低周波特性を決める要素は結合キャパシタ C_c，エミッタキャパシタ C_E など多数存在するが，その中で最も高い遮断周波数をもつ部分が全体の特性を決める．実際の回路では増幅する信号の周波数 ω が，これらのキャパシタに起因する低域遮断周波数 ω_{cc1}, ω_{cc2}, ω_{ce2} に比べて十分に大きくなるように選ばなければならない．すなわち，

$$\omega \gg \omega_{cc1} = \frac{1}{C_{c1}R_{in}} \tag{7.47}$$

$$\omega \gg \omega_{cc2} = \frac{1}{C_{c2}\left(R_L + \dfrac{r_0 R_C}{r_o + R_C}\right)} \tag{7.48}$$

$$\omega \gg \omega_{ce2} = \frac{1}{C_E R_{E2}} \tag{7.49}$$

となる必要がある．このためには容量値を，

$$C_{c1} \gg \frac{1}{\omega R_{in}} \tag{7.50}$$

$$C_{c2} \gg \frac{1}{\omega \left(R_L + \dfrac{r_0 R_C}{r_o + R_C}\right)} \tag{7.51}$$

$$C_E \gg \frac{1}{\omega R_{E2}} \tag{7.52}$$

としなければならない．

演 習 問 題

7.1 図 **7.12** の回路について，電圧利得の帯域幅を求めよ．ただし，トランジスタは簡易高周波等価回路を用いて表し，$R_A = 510$ kΩ, $R_B = 275$ kΩ, $R_C = 2$ kΩ, $R_E = 150$ Ω, $r_{bb'} = 10$ kΩ, $r_{b'e} = 200$ Ω, $r_o = 750$ kΩ, $C_t = 10$ pF, $\beta = 100$, $C_c = C_E = 0.1$ μF とする．

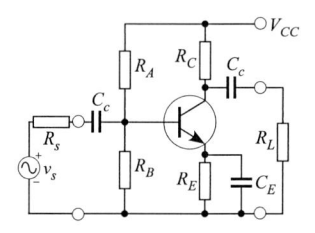

図 **7.12**　バイポーラトランジスタのエミッタ接地基本増幅回路

7.2 図 **7.13** の回路について，以下の問に答えよ．ただし，R_A, R_B は十分に大きく，これを流れる信号電流は無視できるものとする．

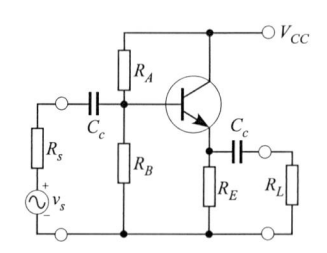

図 **7.13**　バイポーラトランジスタのコレクタ接地基本増幅回路

a) 高周波信号に対する回路を示せ．ただしトランジスタは簡易高周波等価回路を用いて表すこと．また，結合キャパシタやバイパスキャパシタのインピーダンスは十分小さく無視できるものとする．

b) 簡易高周波等価回路を用いてトランジスタの入力容量 C_t のインピーダンスが無視できない高周波数領域について，電流利得（電流増幅率）とその遮断周波数

を求めよ．ただし，結合キャパシタの値は十分に大きく信号増幅の妨げにならないものとする．

　c) エミッタ側（出力側）の結合キャパシタのインピーダンスは十分に低くて無視できるがベース側（入力側）の結合キャパシタのインピーダンスが無視できない場合について，電圧増幅率とその低域遮断周波数を求めよ．

　d) ベース側（入力側）の結合キャパシタのインピーダンスは十分に低くて無視できるがエミッタ側（出力側）の結合キャパシタのインピーダンスが無視できない場合について，電圧増幅率とその低域遮断周波数を求めよ．

7.3 図 **7.14** の回路について，以下の問に答えよ．

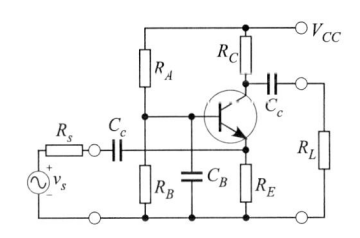

図 **7.14** バイポーラトランジスタのベース接地基本増幅回路

　a) 図 7.1(d) の簡易高周波等価回路を用いて，トランジスタの入力容量 C_t のインピーダンスが無視できない高周波数領域について，電圧利得（電圧増幅率）とその高域遮断周波数を求めよ．結合キャパシタやベースキャパシタのインピーダンスは十分に低く信号増幅の妨げにならないものとする．

　b) ベースバイパスキャパシタ C_B のインピーダンスは十分に低くて無視できるが結合キャパシタ C_c のインピーダンスは無視できない場合について，電圧利得の低域遮断周波数を求めよ．

　c) 結合キャパシタ C_c のインピーダンスは十分に低くて無視できるがベースバイパスキャパシタ C_B のインピーダンスは無視できない場合について，電力利得の低域遮断周波数を求めよ．

8. 結合回路と多段増幅回路

　基本増幅回路のみでは必要とする機能を実現できない場合には，これを直列接続して用いる．実際の電子回路では，基本増幅回路が1段だけで用いられる場合は少ない．基本増幅回路を縦列接続するための継ぎ手となるのが結合回路である．結合回路の役割は，直流バイアスに影響を与えずにそれぞれの回路を接続することと，それぞれの基本増幅回路間のインピーダンス整合を実現することである．

　増幅回路を縦列接続すると，増幅率はそれぞれの段の積となるので容易に大きな値を実現できる．周波数特性はそれぞれの段の特性の積となるので，低域特性は最も高い低域遮断周波数によって，また高域特性は最も低い高域遮断周波数によって決められる．

8.1　テブナンの定理による増幅回路の標準化

　増幅回路を縦列接続して用いる場合について解析するには個々の増幅回路を標準的な形式で表現する必要がある．そこで，テブナンの定理を用いてすべての増幅回路を電圧増幅率または電流増幅率と入出力インピーダンス（入出力抵抗）で表現する．

　図 8.1 はテブナンの定理とそれを用いた増幅回路の表現方法を示したものである．電子回路の任意の端子について，開放電圧を v_{open}，短絡電流を i_{short} とし，負荷 R_L を接続したときに流れる電流を i_o とすれば，

$$v_o = \frac{R_L}{R_o + R_L} v_{open} = \frac{R_o R_L}{R_o + R_L} i_{short} \tag{8.1}$$

$$i_o = \frac{v_{open}}{R_o + R_L} = \frac{R_o}{R_o + R_L} i_{short} \tag{8.2}$$

$$R_o \equiv \frac{v_{open}}{i_{short}}$$

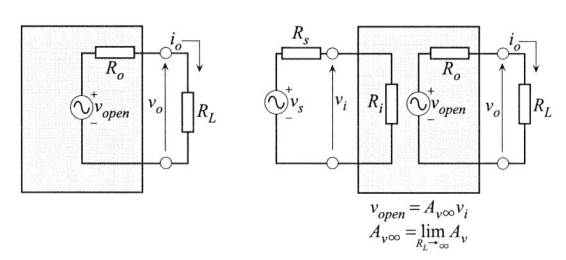

8.1 テブナンの定理による増幅回路の標準化

(a) 出力端子に負荷を接続　　(b) 増幅回路の標準化

図 8.1　テブナンの定理を用いた増幅回路の表し方

となる．この式を回路で表現すると，図 8.1(a) のようになる．

増幅回路の入力電圧を v_i，出力電圧を v_o，電圧増幅率を A_v とすれば $v_o = A_v v_i$ であり，開放電圧 v_{open} は負荷抵抗を無限大としたときの電圧増幅率の値を $A_{v\infty}$ とし，

$$v_{open} = \lim_{R_L \to \infty} v_o = \lim_{R_L \to \infty} A_v v_i = A_{v\infty} v_i \tag{8.3}$$

と表すことができる．

これを用いて，負荷抵抗が R_L の場合の出力電圧 v_o ならびに出力電流 i_o を表すと，

$$v_o = \frac{R_L}{R_o + R_L} v_{open} = \frac{R_L}{R_o + R_L} A_{v\infty} v_i \tag{8.4}$$

$$i_o = \frac{R_o}{R_o + R_L} i_{short} = \frac{1}{R_o + R_L} A_{v\infty} v_i \tag{8.5}$$

$$R_o \equiv \frac{v_{open}}{i_{short}}$$

となる．これを回路図で表現すると，図 8.1(b) のようになる．

8.1.1　増幅回路と結合回路の分離

増幅回路を複数縦列接続する場合を考えるため，増幅回路自体と結合回路に分けて考える．このため，増幅回路をテブナンの定理により標準化して扱う．図 **8.2** はエミッタ接地増幅回路を，増幅部分と結合回路に分けて考えるため，増幅部分を電圧源と入出力インピーダンスで表現したものである．

図 8.2(c) から，

$$v_{open} = \lim_{R_L \to \infty} \frac{-\dfrac{\beta}{r_{bb'} + r_{b'e}}}{\dfrac{1}{r_o} + \dfrac{1}{R_C} + \dfrac{1}{R_L}} \frac{1}{1 + j\omega C_t (r_{bb'} + r_{b'e})} v_i$$

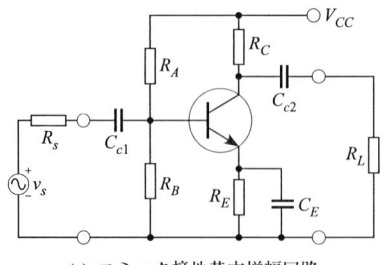

図 8.2 (a) エミッタ接地基本増幅回路 (b) 交流信号に対する成分を抽出した回路. エミッタキャパシタは十分大きいとして無視した. (c) トランジスタを高周波等価回路で置き換えた回路 (d) テブナンの定理を用いた表し方

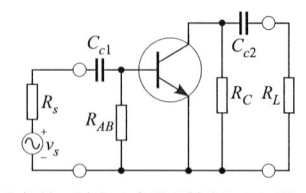

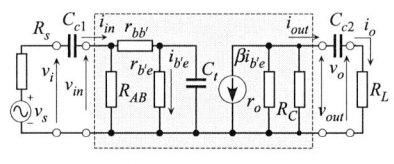

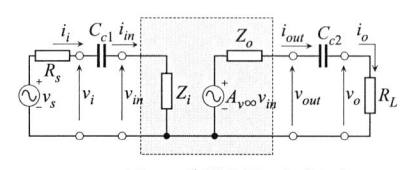

図 8.2 テブナンの定理による増幅回路の表し方（エミッタ接地増幅回路の場合）

$$= \frac{-\dfrac{\beta}{r_{bb'} + r_{b'e}}}{\dfrac{1}{r_o} + \dfrac{1}{R_C}} \frac{1}{1 + j\omega C_t (r_{bb'} + r_{b'e})} v_i$$

$$\equiv A_{v\infty} v_i \tag{8.6}$$

$$\frac{1}{z_o} = \frac{1}{r_o} + \frac{1}{R_C} \tag{8.7}$$

となる．

このように，増幅回路を多数縦列接続して用いる場合には，増幅回路自体とそれを結合するための部分とに分けて扱う．

図 8.1 では増幅回路の入出力インピーダンスは純抵抗の R_i, R_o で表されたが，図 8.2 では容量成分が含まれ，インピーダンスにリアクタンス分が含まれるため，Z_i, Z_o と表されている．

8.2 結合回路の役割

結合回路は，信号を有効に次段に伝えるとともに，直流分を遮断して直流バイアスを段ごとに設計可能にする役割を担っている．直流成分も増幅するには特別

な工夫が必要である．

8.2.1　結合回路による直流の遮断

電子回路で様々な信号処理を行う場合，基本増幅回路 1 段だけでは不可能であり，様々な機能の基本回路を多数接続して用いる．図 **8.3** に基本増幅回路間の接続方法を示した．

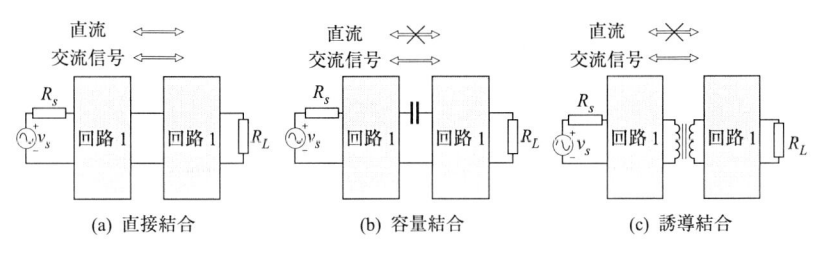

図 8.3　基本増幅回路の接続方法

(a) 直接結合　(b) 容量結合　(c) 誘導結合

直接結合では，信号成分だけでなく直流成分も接続されるため，バイアスの変動が増幅されて後段に伝えられるので不安定になりやすい[*1]．また，バイアス回路の設計もそれぞれの段で個別に行うことができないため，煩雑となる．しかしながら，信号の伝達は低周波（直流）から高周波まで理想的に行われる．

直流成分を遮断して，交流信号成分だけを通過させる方法としては，キャパシタを用いる方法と相互誘導器（トランス）を用いる方法がある．

図 8.3(b) はキャパシタを用いた結合方法である．キャパシタのインピーダンスは直流に対しては無限大となるので，これを用いて回路を結合すると，直流を遮断して交流信号のみを通過させることができる．ただし，周波数を低くするとキャパシタのインピーダンスが高くなるため，低周波信号を通過させにくいという欠点がある．

図 8.3(c) は誘導器を用いた結合方法である．誘導結合では，1 次側と 2 次側が直流的には結合していないので，交流信号のみを次段に伝えることができる．この基礎となっている電磁誘導現象は，磁束の時間変化に基づく現象（$v_L = d\Phi/dt = L di/dt$）なので，低周波信号を有効に伝達するためには巻数を多くして L を大きくしなけ

[*1]　入力の差だけを増幅する差動増幅回路を用いることにより安定に動作させることができる．演算増幅器（op アンプ）に用いられている．

ればならないが，こうすると高周波でのインピーダンスが高くなり，高周波で動作しなくなる．

8.2.2 伝達される電力の最大値（インピーダンス整合条件）

負荷に伝達される電力の大きさは，出力インピーダンスと負荷インピーダンスに左右される．純抵抗で構成される場合は，出力抵抗と負荷抵抗が等しい場合に伝達される電力が最大となる．これをインピーダンス整合という．

図 8.4(a) の回路で出力部分を考える．負荷抵抗で消費される電力 p_o は，

$$p_o = v_o i_o = \frac{R_L}{(R_o + R_L)^2} v_{open}^2 = \frac{R_L}{(R_o + R_L)^2} A_{v\infty}^2 v_i^2 \tag{8.8}$$

となる．

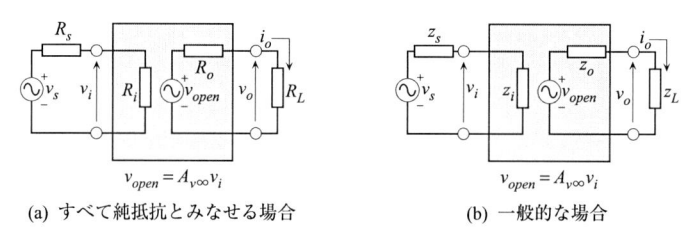

(a) すべて純抵抗とみなせる場合 (b) 一般的な場合

図 8.4　負荷に伝達される電力を考えるモデル

一定の入力に対して，負荷で消費される電力を最大にする負荷抵抗の値を求める．式 (8.8) を R_L について微分した値が 0 となる電力が最大電力 $p_{o\,max}$ であるから，

$$\frac{\partial p_o}{\partial R_L} = \frac{R_o - R_L}{(R_L + R_o)^3} A_{v\infty}^2 v_i^2 = 0 \tag{8.9}$$

より，

$$R_o = R_L \tag{8.10}$$

となる．すなわち，増幅回路の出力抵抗と同じ値の負荷を接続した場合に最大の出力を得ることができる．このとき，

$$p_{o\,max} = \frac{1}{4R_o} A_{v\infty}^2 v_i^2 = \frac{1}{4R_o} A_{v\infty}^2 R_i p_i = \frac{1}{4} \frac{R_i}{R_o} A_{v\infty}^2 p_i \tag{8.11}$$

となる．ここで，R_i は入力抵抗であり，

8.2 結合回路の役割

$$p_i = v_i i_i = v_i \frac{v_i}{R_i} \tag{8.12}$$

である．

出力インピーダンスが純抵抗ではない場合には図 8.4(b) のようになる．出力インピーダンス z_o と負荷インピーダンス z_L を，レジスタンス R とリアクタンス X に分けて考え，

$$z_o = R_o + jX_o \tag{8.13}$$

$$z_L = R_L + jX_L \tag{8.14}$$

とすれば，リアクタンスに関する最大出力条件は明らかに，

$$X_o = -X_L \tag{8.15}$$

であり，これは直列共振条件である．この条件が成立すれば，負荷を含む回路ループは純抵抗で構成されているとみなせるので，図 8.4(a) と同じ条件で最大出力が得られる．このような条件が満たされている場合，負荷と増幅回路の出力インピーダンスが整合しているという．

8.2.3 結合回路によるインピーダンス整合

増幅回路の出力インピーダンスと負荷インピーダンスが異なる場合，結合回路を利用して整合条件を満たすことが可能な場合がある．図 **8.5** は結合回路を利用したインピーダンス整合を示したものである．ただし，このような操作が可能な結合回路は限られている．

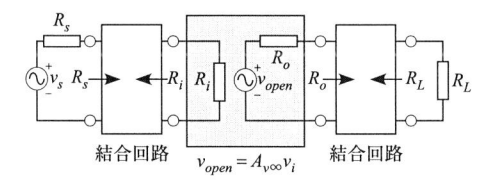

図 **8.5** 結合回路を利用したインピーダンス整合

結合回路を，抵抗成分（損失）を含まない純リアクタンスで構成し，増幅回路の出力端子からみた結合回路のインピーダンスが増幅回路の出力抵抗 R_o と等し

く，かつ負荷端子から結合回路をみたときのインピーダンスが負荷抵抗 R_L に等しくなるようにする．

このような結合回路は，結合トランスや LC 回路で構成することが可能である．このため周波数特性をもち，直流に対しては有効に機能しない．

8.3 結合回路の具体例

基本増幅回路を縦列接続するため様々な結合回路が用いられている．結合回路は，縦列接続による高増幅率の実現，直流分の遮断，インピーダンス整合，特殊な周波数特性の実現など様々な目的に対してそれぞれ最適な方式を用いなければならない．

8.3.1 直接結合

コイルやキャパシタを用いず，増幅回路どうしを直接つなぐ方式を直接結合という．しかしこの方式はあまり使われない．設計が煩雑なことに加えて，直流バイアスが変動しやすく特性が不安定になりやすいためである．

図 8.6 はエミッタ接地増幅回路を縦列に 3 段直接結合した回路であるが，実際にこの回路を動作させることは困難である．

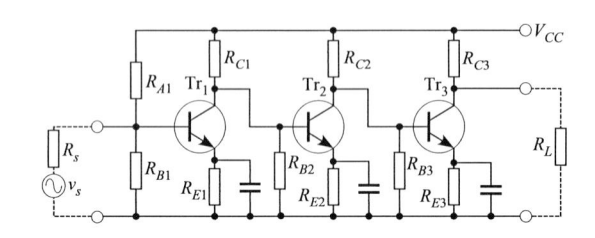

図 8.6 直接結合の困難さを表すために示した非現実的な直接結合増幅回路の例．実際上，この回路は実現困難である．

まず，それぞれのトランジスタについてバイアスを設計する場合，前後の段のトランジスタに流れる電流を同時に考えなければならない．また，信号源や負荷抵抗を直接接続するとバイアスが変わってしまうため，このことも考慮した設計が必要である．さらに，初段のバイアスが変動すると，それが増幅されて後段に

影響するため，バイアスがきわめて不安定になる．

このような困難さのために，直接結合はきわめて特殊な場合以外は使用されない．例外的に，差動増幅とすることにより安定化して直流増幅に使用されている[*2]．

8.3.2 CR 結合増幅回路

基本増幅回路を縦列接続して用いるためには，それぞれの段で独立に直流バイアスを設定できることが望ましい．そこで，キャパシタを用いて交流信号だけを伝える方法が最も一般的に用いられている．これを CR 結合増幅回路という．結合にキャパシタを用いるため，周波数が低くなるとキャパシタのインピーダンスが高くなり信号が次段に効果的に伝送されなくなる．また，段間の入出力インピーダンスを整合させる機能はない．

キャパシタで直流分を遮断することにより，個々の回路のバイアスが，回路どうしが接続されることにより変化することを防ぐと同時に，信号に対しては十分

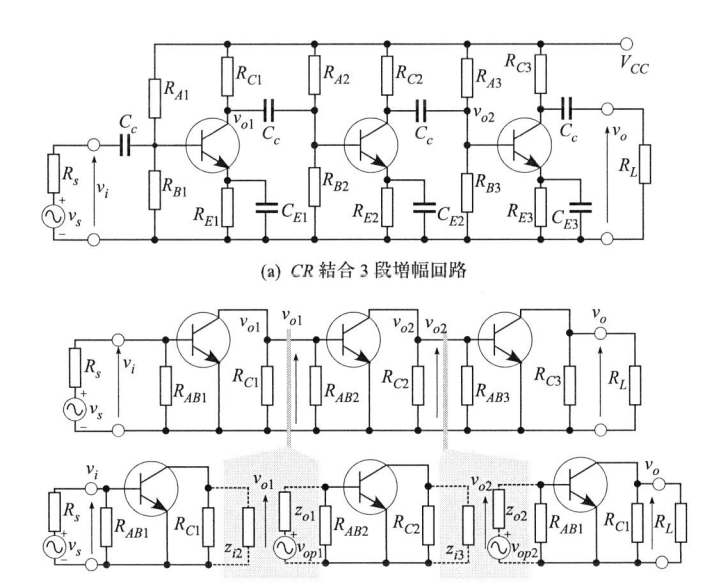

(a) CR 結合 3 段増幅回路

(b) 交流信号に対する回路．結合キャパシタ C_c，エミッタキャパシタ C_E のインピーダンスは十分に低いと考え短絡とみなした．v_{op1}, v_{op2} は，それぞれ 1 段目と 2 段目の開放出力電圧．

図 **8.7** CR 結合多段増幅回路

[*2] 演算増幅器として計測回路等で多用されている．

低インピーダンスとなるように設定することにより，信号を有効に伝達することができる．図 8.7 にエミッタ接地回路を結合キャパシタで多段接続した回路を示した．

CR 結合回路は構成が容易なため広く用いられているが，インピーダンス整合に関しては機能しないので電力増幅回路では注意が必要である．

8.3.3 トランス結合増幅回路

図 8.8 は，トランス結合増幅回路の例である．入力と出力が絶縁されているトランス（複巻きトランス）を用いると，直流分を遮断して交流信号を入力させることができる．これを段間結合に用いた回路がトランス結合増幅回路である．トランスは，巻線比を適当に選ぶことにより，段間のインピーダンス整合を実現できるという利点がある．

信号はトランスを介して入出力される．キャパシタの容量を十分大きくすることにより，交流信号に対するキャパシタのインピーダンスを無視できるようにする．したがって，交流信号に対する回路にはバイアス抵抗は現れない．

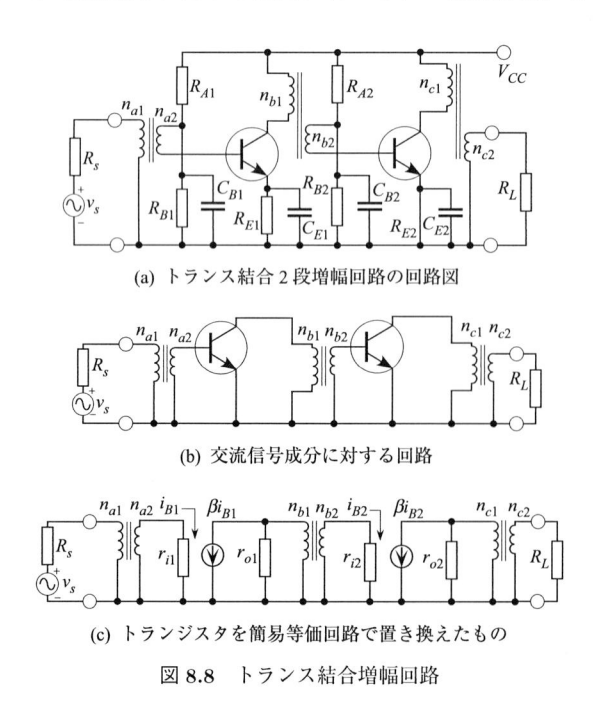

(a) トランス結合 2 段増幅回路の回路図

(b) 交流信号成分に対する回路

(c) トランジスタを簡易等価回路で置き換えたもの

図 8.8　トランス結合増幅回路

トランジスタを等価回路で表すことにより，特性を解析できる．トランス a, b, c がそれぞれ巻線比 $n_{a1}:n_{a2}$, $n_{b1}:n_{b2}$, $n_{c1}:n_{c2}$ の理想的なトランスであると考える．入力電圧 v_i，入力電流 i_i と初段のトランジスタのベース電圧 v_{B1}，ベース電流 i_{B1} の関係は，

$$\frac{v_i}{n_{a1}} = \frac{v_{B1}}{n_{a2}} \tag{8.16}$$

$$n_{a1}i_i = n_{a2}i_{B1} \tag{8.17}$$

$$\frac{v_i}{i_i} = \frac{\dfrac{n_{a1}}{n_{a2}}v_{B1}}{\dfrac{n_{a2}}{n_{a1}}i_{B1}} = \frac{n_{a1}^2}{n_{a2}^2}\frac{v_{B1}}{i_{B1}} = \frac{n_{a1}^2}{n_{a2}^2}r_i \tag{8.18}$$

となる．すなわち，巻線比 $n_{a1}:n_{a2}$ のトランスの2次側に接続された抵抗 r_i は，1次側からみると，抵抗値 $(n_{a1}^2/n_{a2}^2)r_i$ の抵抗と等価であると考えることができる．このように考えると，1段目の電圧利得 $A_{v1} = v_{o1}/v_i$ は，

$$A_{v1} = \frac{v_{o1}}{v_i} = -\beta\frac{n_{a2}}{n_{a1}}\frac{\dfrac{1}{r_i}}{\dfrac{1}{r_o} + \dfrac{1}{\dfrac{n_{b1}^2}{n_{b2}^2}r_i}} \tag{8.19}$$

であり，この段の入出力インピーダンスは，

$$Z_{i1} = Z_i = \frac{v_i}{i_i} = \frac{n_{a1}^2}{n_{a2}^2}r_{i1} \tag{8.20}$$

$$Z_{o1} = \frac{(v_{B2})_{r_{i2}=\infty}}{(i_{B2})_{r_{i2}=0}} = \frac{n_{b2}^2}{n_{b1}^2}r_{o1} \tag{8.21}$$

となる．各段について同様な計算を行うことにより全体の特性を求めることができる．

トランスは電磁誘導に基づいた素子であり，本質的に変化分だけに応答する．したがって，直流分やきわめて低い周波数成分に対してはインピーダンスが極度に低くなり，大電流が流れることによる損失成分（発熱など）が問題となる．また，高周波数では巻線間の静電容量が特性に影響する．

真空管を用いた可聴周波数の増幅器（オーディオアンプ）には標準的に使用されたが，素子自体も大きくなりがちであり，最近はオーディオ回路としてはほとんど用いられない．周波数が限定されておりかつその値が比較的高い場合は，この結合方式は簡単で便利であり，インバータ回路等にしばしば用いられている．

8.3.4 単同調増幅回路

図 8.9 のように,負荷として L と C からなる 1 個の並列共振回路を用いた増幅回路を単同調増幅回路という.この並列共振回路は,結合回路としての作用に加えて,負荷に周波数特性をもたせ,特定の周波数成分のみを増幅させる働きがある.

一般に,利得を大きくする場合,必要とする周波数領域のみを増幅するような周波数特性をもたせることにより,動作を安定化することができる.すべての周波数範囲で利得を高くすると,信号以外の雑音成分も同時に増幅することになる.これに対して,信号成分のみに対して高利得となり,それ以外の周波数成分に対してはほとんど増幅しないような特性とすることにより,安定な動作特性が得られる.

1 段目について考える.1 段目のコレクタに現れる信号出力電圧を v_{o1} とする.また,バイアス抵抗 R_A, R_B はトランジスタの入力インピーダンスに比べて十分に大きいと考え,交流信号成分に対する回路(図 8.9(b),(c))では無視した.

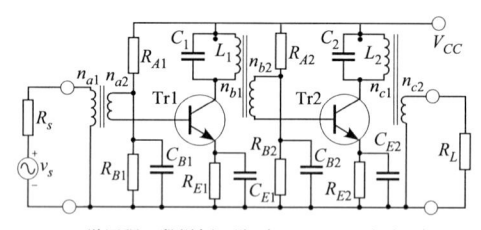

(a) 単同調 2 段増幅回路($L_1 C_1 = L_2 C_2$ とする)

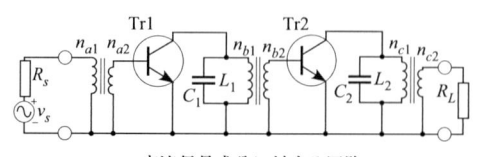

(b) 交流信号成分に対する回路.

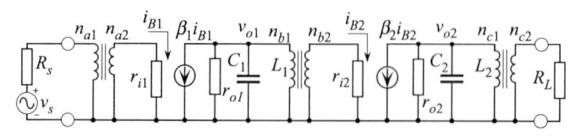

(c) トランジスタを簡易等価回路で置き換えた結合

図 8.9 単同調増幅回路

v_{o1} の端子からみた全容量を C, 2次側の効果も含めた全インダクタンスを L, 全抵抗を R_T とする. 図 8.9(c) の等価回路では,

$$\frac{1}{R_T} = \frac{1}{r_o} + \frac{1}{\frac{n_{b2}^2}{n_{b1}^2} r_{i2}} \tag{8.22}$$

である. ここで, n_{b1}, n_{b2} はトランスの巻数である. この段の電圧利得 $\dot{A}_{v1}$ を $\dot{A}_{v1} \equiv \dot{V}_{B2}/\dot{V}_{B1}$ とすれば, $\dot{V}_{B2}$ は,

$$\dot{V}_{B2} = -\dot{Z}_T \beta \dot{I}_{B1} = -\dot{Z}_T \beta \frac{\dot{V}_{B1}}{r_{i1}} \tag{8.23}$$

$$\frac{1}{\dot{Z}_T} \equiv \frac{1}{R_T} + j\omega C + \frac{1}{j\omega L} \tag{8.24}$$

したがって, 電圧利得は,

$$\begin{aligned}
\dot{A}_{v1} = \frac{\dot{V}_{B2}}{\dot{V}_{B1}} &= -\beta \frac{\dfrac{1}{r_{i1}}}{\dfrac{1}{R_T} + j\omega C + \dfrac{1}{j\omega L}} \\
&= -\beta \frac{\dfrac{1}{r_{i1}}}{\dfrac{1}{R_T}} \frac{1}{1 + j\omega C R_T + \dfrac{R_T}{j\omega L}} \\
&= A_{v10} \frac{1}{1 + j\omega_0 C R_T \left(\dfrac{\omega}{\omega_0} - \dfrac{\omega_0}{\omega}\right)} \\
&= A_{v10} \frac{1}{1 + jQ \left(\dfrac{\omega}{\omega_0} - \dfrac{\omega_0}{\omega}\right)}
\end{aligned} \tag{8.25}$$

$$A_{v10} \equiv -\beta \frac{\dfrac{1}{r_{i1}}}{\dfrac{1}{R_T}} \tag{8.26}$$

$$\omega_0 \equiv \frac{1}{\sqrt{LC}} \tag{8.27}$$

$$Q = \omega_0 C R_T = \frac{R_T}{\omega_0 L} \tag{8.28}$$

である. ここで, A_{v10} は共振時 ($\omega = \omega_0$) の電圧利得である.

帯域幅を求めるため, 電圧利得が A_{v10} から 3 dB 低下する周波数を計算する. この周波数では, 式 (8.25) の虚数部が ± 1 となるので, $\omega \cong \omega_0$ のとき,

$$\pm 1 = Q\left(\frac{\omega}{\omega_0} - \frac{\omega_0}{\omega}\right) = \frac{Q(\omega+\omega_0)(\omega-\omega_0)}{\omega\omega_0}$$

$$\cong \frac{2Q\omega_0(\omega-\omega_0)}{\omega_0^2} = \frac{2Q(\omega-\omega_0)}{\omega_0} \tag{8.29}$$

より，

$$\omega = \omega_0 \pm \frac{\omega_0}{2Q} \tag{8.30}$$

となる．したがって，帯域幅を $\Delta\omega$ とすれば，

$$\Delta\omega = \frac{\omega_0}{Q} \tag{8.31}$$

となる．Q は，共振回路に蓄えられるエネルギーと消費されるエネルギーの比であり，共振回路の特性は共振周波数と Q とで表現され，Q が大きいほど鋭い共振曲線となる．2 段目の特性も同様に解析できる．

実際の用途では，必要な帯域内で一定の利得を示し，それ以外の帯域では極度に低利得となるような特性が求められる．単同調増幅回路では，帯域幅は共振回路の特性（Q 値）で決まる共振特性となるため，信号が増幅される帯域内でも周波数によって利得が大きく異なることになる．

これを解決する方法の 1 つが，スタガ同調増幅回路と呼ばれる方法である．これは，単同調増幅回路を直列接続し，それぞれの共振周波数を少しずつ異なった値とすることにより，増幅する帯域内での利得が一定となるように調整する方法である．この方式により，高い周波数領域で，特定の帯域幅で一定の利得となる増幅回路が実現できる．

【例題 8.1】 図 8.10 は巻数 n の 1 次側コイルに，巻数 n_1 の位置から中間タップを取り出してコレクタ電極に接続した単同調増幅回路である．この回路の電圧増幅率の周波数特性を求めよ．

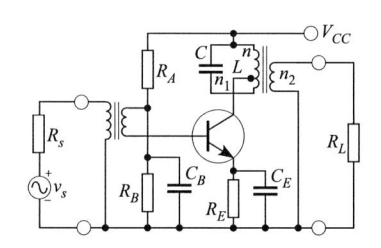

図 8.10 中間タップを設けた単同調増幅回路

【解】 図 8.10 の回路について,交流信号成分を取り出すと図 **8.11** のようになる.コイルがすべて理想トランスとみなせると考えると,電圧や電流が巻線比で決まるので比較的容易に解析できる.巻線比以外は図 8.9 の場合と同様の結果が得られる.

(a) 交流信号成分に対する回路　　(b) トランジスタを等価回路で置き換えた結果

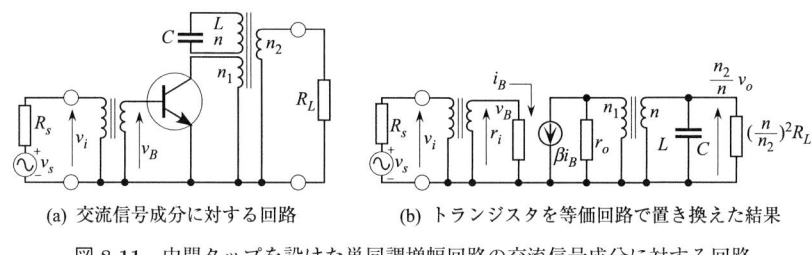

図 **8.11**　中間タップを設けた単同調増幅回路の交流信号成分に対する回路

8.3.5 LC 直並列回路

単同調増幅回路や,複同調増幅回路では,電力の伝達が電磁誘導(トランス)を介して行われるが,これらの方式は高周波大電力では損失が大きくなるという欠点がある.このため,高周波大電力回路では,トランスを使わない結合方法が用いられる.これを LC 結合回路という.

高周波電力増幅回路では,無入力時には電流が流れない B 級,あるいは,ある程度以上の入力にしか電流を流さない C 級といった動作モードが用いられる.このような動作では,正弦波入力に対しても出力は正弦波とはならない.すなわち,増幅により,信号周波数の他に多数の高調波成分が現れることになる.実際の回路では,この高調波成分を結合回路の周波数特性を利用して取り去ることにより,信号波のみを増幅している.

トランジスタを使った B 級増幅回路に正弦波信号を入力させた場合について考える.この回路では,無入力時のコレクタ電圧は電源電圧 V_{CC} となり,コレクタ電流が流れる半周期でコレクタ電圧は V_{CC} から 0 まで変化する.一般に高周波回路では,負荷はリアクタンスで構成されているのでそこに蓄えられた電力により,負荷回路が適切に設計されていれば,電流が流れない半周期に電流を流した半周期と逆向きの起電力が現れる.このため,コレクタには,電源電圧を基準として,$0 \sim V_{CC}$ の間で正弦波状に変化する電圧が現れる.すなわち,振幅 V_{CC},実効値 $|\dot{V}_C| = V_{CC}/\sqrt{2}$ の正弦波がコレクタ端に現れることになる.

コレクタからみた負荷抵抗を R_{LC} とすれば,出力電力 P_o は,

$$P_o = \frac{|\dot{V}_C|^2}{R_{LC}} = \frac{V_{CC}}{2R_{LC}} \tag{8.32}$$

となる．したがって，結合回路の役割は，インピーダンス変換によりコレクタからみた負荷インピーダンスを式 (8.32) の値にすることと，高調波成分の出力を極力低く抑えることである．

実際の回路例を図 **8.12** に示した．この回路で RFC (radio frequency choking coil) は高周波チョークコイルであり，高周波に対しては高インピーダンスとなり，高周波成分の通過を阻止するために用いられる．図 8.12 の場合は，B 級で動作させるためにベースの直流電位をエミッタ電位と等しくする目的で使用されている．RFC と直列に接続されている抵抗は，損失を増して発振を防ぐためのものである．また，L_2 と接地線の間に接続されているキャパシタ C_{CE} は，電源と L_2 の一端を高周波信号に対して接地するためのものである．

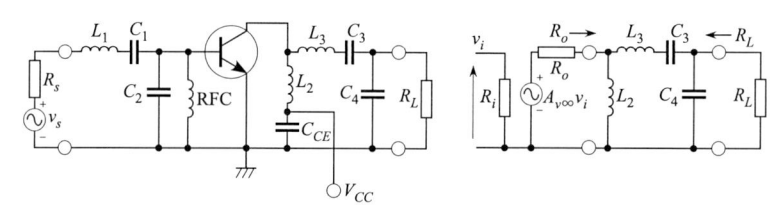

(a) 高周波電力増幅回路（B 級増幅回路）　(b) 高周波信号に対する負荷側の回路

図 **8.12**　LC 結合回路の解析方法

この結合回路は，コイルとキャパシタで構成され，入力側と出力側でインピーダンス整合が同時に実現されるように調整する．すなわち，トランジスタから結合回路を通して負荷をみた場合のインピーダンスが，高周波信号の周波数でトランジスタの出力抵抗 R_o の値をもつ純抵抗となり，負荷抵抗から結合回路を通してトランジスタをみた場合のインピーダンスが負荷抵抗と同じ値の純抵抗となるように L や C の値を決める[*3)]．

[*3)] トランジスタは双方向素子であり，負荷（コレクタ）の状態が変化すると入力（ベース）側にも影響が現れる．このため，負荷の状況に応じた適切な調整が必要とされる．

演習問題

8.1 図8.7の回路について，トランジスタの等価回路に簡易等価回路を用い，結合キャパシタのインピーダンスが無視できる周波数範囲における電圧増幅率を求めよ．

8.2 図8.8の回路の電圧増幅率を求めよ．

8.3 図8.12の負荷側の結合回路について，トランジスタから負荷をみたインピーダンスが純抵抗R_oとなり負荷からトランジスタ側をみたインピーダンスが純抵抗R_LとなるようにそれぞれのLCの値を定めよ．

8.4 図8.13のCR結合エミッタ接地増幅回路について，高周波数領域で電圧利得（増幅率）が中間周波数領域に比べて3 dB低下する周波数を求めよ．

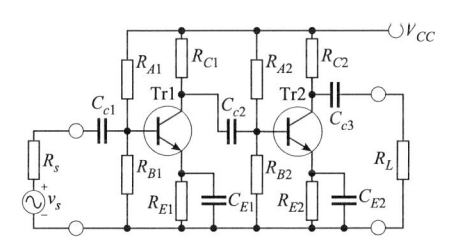

図 **8.13** 結合キャパシタによるエミッタ接地基本増幅回路の縦列接続

8.5 エミッタ接地回路とコレクタ接地回路を接続した図8.14の回路について，以下の問に答えよ．ただし，トランジスタの等価回路として簡易等価回路を使用すること．

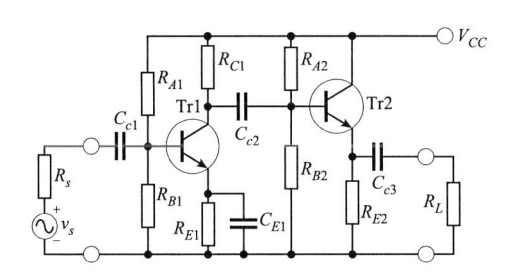

図 **8.14** エミッタ接地とコレクタ接地の縦列接続

a) 中間的な周波数領域（結合キャパシタ，バイパスキャパシタの影響やトランジスタの周波数特性を無視できる周波数領域）における入力インピーダンス，出力インピーダンス，電圧増幅率を求めよ．

b) C_{c2} のインピーダンスが無視できなくなることにより，低周波数領域で電圧利得（増幅率）が中間周波数領域に比べて低下した．中間周波数領域から 3 dB 低下する周波数 ω_{li} を求めよ．C_{c2} 以外のキャパシタのインピーダンスは十分に低いと考える．

9. 帰還増幅と発振回路

増幅回路の出力の一部を，入力側に戻して入力に加えることを帰還という．帰還された信号が入力に対して和となる場合を正帰還，差となる場合を負帰還という．正帰還では回路が発振しやすく不安定となるので，増幅器としては用いられない．負帰還では利得は減少するが，直線性や雑音特性が向上する等の機能をもたせることができる．

さらに，負帰還増幅回路では増幅率を高くすると，回路の特性が増幅率とは関係なく帰還回路の特性で決まる．この特徴を利用して，高入力インピーダンスの差動増幅回路と組み合わせて様々な機能が実現されている．この目的のために設計された差動増幅回路を演算増幅器という．

9.1 帰還増幅の基本構成

帰還増幅回路を，帰還を施す前の基本増幅回路部分と，出力の一部を入力に戻すための回路（帰還回路）に分けて考える．

図 **9.1** に帰還増幅回路の基本的な考え方を示した．帰還がない場合の電圧利得を A_0 とする．この基本増幅回路の入力に，出力電圧の一部（出力電圧の b 倍）を加える（帰還）ことにより帰還増幅回路が構成される．この b を帰還率または帰還係数という．帰還された電圧 bv_o が入力に対して和として加えられる場合と差として加えられる場合があり，前者を正帰還，後者を負帰還という．

図 9.1 の回路について，電圧増幅率 A_v を求めると，

$$v_{in} = v_i + bv_o \tag{9.1}$$

$$v_o = A_0 v_{in} = A_0 (v_i + bv_o) \tag{9.2}$$

より，

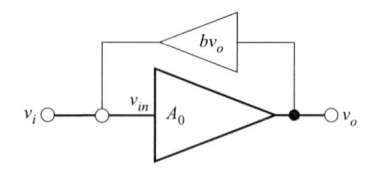

図 9.1 帰還増幅回路の原理

$$A_v = \frac{v_o}{v_i} = \frac{A_0}{1 - bA_0} \tag{9.3}$$

となる.

　帰還の効果によって増幅率が $1/(1-bA_0)$ 倍になる. bA_0 が正の場合を正帰還, 負の場合を負帰還という. 負帰還の場合は, 分母が 1 より大きくなるため増幅率は帰還がない場合よりも小さくなる. 正帰還では分母が 1 より小さくなって増幅率が増し, $bA_0 = 1$ となると増幅率は無限大となり回路は不安定になる. 実際の増幅回路では負帰還が用いられる. 正帰還は発振回路等きわめて特殊な場合以外は使用されない. この章では最初に負帰還を, 次に正帰還の応用例として発振回路を扱う.

9.2　負帰還の効果

　最初に負帰還の効果について考える. 負帰還を施すことにより回路の増幅率は低くなるが, 周波数特性, 雑音特性, 直線性等の性能が向上する. 代表例として周波数特性について考えてみる. 無帰還時の増幅率の高周波特性を, 高域遮断周波数 ω_c を用いて

$$A_0(\omega) = \frac{A_0}{1 + j\dfrac{\omega}{\omega_c}} \tag{9.4}$$

とすれば, 負帰還を施した回路の増幅率の高周波特性は,

$$A(\omega) = \frac{A_0(\omega)}{1 - bA_0(\omega)} = \frac{\dfrac{A_0}{1 + j\dfrac{\omega}{\omega_c}}}{1 - b\dfrac{A_0}{1 + j\dfrac{\omega}{\omega_c}}}$$

$$= \frac{A_0}{1 + j\dfrac{\omega}{\omega_c} - bA_0} = \frac{A_0}{1 - bA_0} \frac{1}{1 + j\dfrac{\omega}{\omega_c(1 - bA_0)}} \tag{9.5}$$

となり，高域遮断周波数が，$\omega_c(1-bA_0)$ となっている．この値は，無帰還時の高域遮断周波数 ω_c の $(1-bA_0)$ 倍である．負帰還により増幅率は低くなるが高域特性は向上する[*1]．

歪みや直線性の向上に関しては種々の議論が可能であるが，無帰還時の増幅率を高くすることにより回路の特性が帰還回路で決まり，トランジスタ等の非線形素子の特性の効果が相対的に低くなることが主たる原因であると考えられる．

式 (9.3) で，帰還を施した回路の電圧増幅率について，無帰還時の増幅率を限りなく大きくした場合，

$$A_v = \lim_{A_0 \to \infty} \frac{A_0}{1-bA_0} = -\frac{1}{b} \tag{9.6}$$

となる．増幅率は帰還率 b のみで決まる．すなわち，帰還回路を抵抗等の素子のみで構成すれば，トランジスタ等の非線形素子の特性の効果は現れないことになる．演算増幅器ではこのことを巧みに利用している．

9.3 実際の負帰還増幅回路

実際の負帰還増幅回路では，帰還のために回路を挿入すると帰還以外の効果も同時に現れる．このため，帰還の効果を除いた特性が帰還を施す前と変わってしまう．この現象は 2 端子対（4 端子）パラメータを用いることにより容易に理解できる．

9.3.1 並列帰還（電圧帰還）回路

出力の一部を入力側に並列に加える方式が並列帰還である．この方式では，出力電圧の一部（出力電圧に比例する量）が入力側に帰還されるので，電圧帰還と呼ばれる場合がある．図 **9.2** に y パラメータを用いた等価回路でその構成例を示した．帰還を施す前の回路では帰還がまったく存在せず，これに帰還のための回路を付け加えて帰還増幅回路とする場合を考える．

図 9.2(a) は帰還を施す前の基本増幅回路であり，y パラメータを y_0 と表している．帰還の効果が存在しないため $y_{012} = 0$ とし，図では入力側に電圧源として

[*1] 中間周波数領域の増幅率が低くなるため，みかけ上遮断周波数が高くなっただけであるという否定的な解釈も可能ではある．

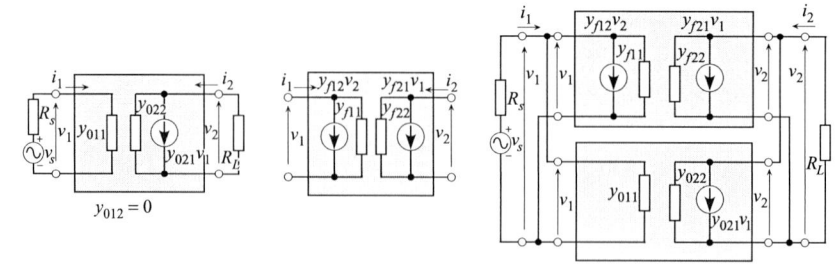

(a) 基本増幅回路（無帰還） (b) 帰還のための回路 (c) 帰還回路と基本増幅回路を並列接続

図 9.2 並列帰還増幅回路の原理

現れるはずの $y_{o12}v_2$ が存在しない回路となっている．

この回路に帰還をかけるために接続する回路の y パラメータを y_f とし，図 9.2(b) に示した．帰還が存在しない基本増幅回路と帰還のための回路を接続すると図 9.2(c) のように表すことができる．

帰還を施した回路（図 9.2(c)）の y パラメータは，

$$i_1 = (y_{o11} + y_{f11})v_1 + y_{f12}v_2 = y_{11}v_1 + y_{21}v_2 \tag{9.7}$$

$$i_2 = (y_{o21} + y_{f21})v_1 + (y_{o22} + y_{f22})v_2$$
$$= y_{21}v_1 + y_{22}v_2 = -y_L v_2 \tag{9.8}$$

$$y_L \equiv \frac{1}{R_L} \tag{9.9}$$

すなわち，

$$\begin{bmatrix} y_{11} & y_{12} \\ y_{21} & y_{22} \end{bmatrix} = \begin{bmatrix} y_{o11} + y_{f11} & y_{f12} \\ y_{o21} + y_{f21} & y_{o22} + y_{f22} \end{bmatrix} \tag{9.10}$$

となる．帰還を施した増幅回路の特性は，y パラメータとしてこれらの値を用いることにより表すことができる．

帰還のための回路が理想的であり，帰還の効果のみをもつ場合は $y_{f11} = y_{f21} = y_{f22} = 0$ かつ $y_{f12} \neq 0$ となるので，帰還の効果は前節の論議がそのまま成り立つ．しかしながら，実際の回路では y_{f12} だけが値をもつ特性は実現できない．そのため，帰還効果以外の影響が $y_{o11} + y_{f11}$，$y_{o21} + y_{f21}$，$y_{o22} + y_{f22}$ などの形で現れる．

電圧増幅率は，

$$A_v = \frac{v_o}{v_i} = \frac{v_2}{v_1} = -\frac{y_{21}}{y_{22} + y_L} = -\frac{y_{021} + y_{f21}}{y_{022} + y_{f22} + y_L} \quad (9.11)$$

となり，電流増幅率は，

$$A_i = \frac{i_o}{i_i} = \frac{-i_2}{i_1} = \frac{y_L v_2}{y_{11}v_1 + y_{12}v_2} = \frac{y_L}{y_{11}} \frac{v_2}{v_1} \frac{1}{1 + \frac{y_{12}v_2}{y_{11}v_1}}$$

$$= \frac{y_L}{y_{11}} \frac{v_2}{v_1} \frac{1}{1 + \frac{y_{12}}{y_L} \frac{y_L}{y_{11}} \frac{v_2}{v_1}}$$

$$= \frac{y_L}{y_{011} + y_{f11}} \frac{v_2}{v_1} \frac{1}{1 + \frac{y_{f12}}{y_L} \frac{y_L}{y_{011} + y_{f11}} \frac{v_2}{v_1}} = A_{i0} \frac{1}{1 - bA_{i0}} \quad (9.12)$$

となる．ただし，

$$A_{i0} \equiv \frac{y_L}{y_{11}} \frac{v_2}{v_1} = \frac{y_L}{y_{011} + y_{f11}} A_v = -\frac{y_L}{y_{011}} \frac{y_{021} + y_{f21}}{y_{22} + y_{f22} + y_L} \quad (9.13)$$

$$b \equiv -\frac{y_{12}}{y_L} = -\frac{y_{f12}}{y_L} \quad (9.14)$$

であり，電流増幅率が帰還により $1/(1 - bA_{i0})$ 倍になっている．また，帰還効果が存在しないときの電圧増幅率 A_{v0} には帰還の効果を表す y_{f12} は含まれないが y_{f11}, y_{f21}, y_{f22} が含まれており，帰還回路が帰還効果以外の影響を元の増幅回路に与えていることがわかる．

入力アドミタンス y_i は，

$$y_i = \frac{i_1}{v_1} = y_{11} + y_{12}\frac{v_2}{v_1} = y_{11} - \frac{y_{12}y_{21}}{y_{22} + y_L}$$

$$= y_{11} + y_{11}\frac{y_{12}}{y_L}\frac{y_L}{y_{11}}\frac{v_2}{v_1} = y_{11}(1 - bA_{i0})$$

$$= (y_{011} + y_{f11})(1 - bA_{i0}) \quad (9.15)$$

となり，帰還により $(1 - bA_{i0})$ 倍になることがわかる．出力アドミタンス y_o は，

$$y_o = \frac{i_{short}}{v_{open}} = y_{22} - \frac{y_{12}y_{21}}{y_{11} + y_s} = y_{22}\left(1 - \frac{y_{12}y_{21}}{y_{22}(y_{11} + y_s)}\right) \quad (9.16)$$

と表される．

負帰還増幅回路では $bA_0 < 0$ の条件で使用するので，並列帰還（電圧帰還）により，入力アドミタンス，出力アドミタンスともに帰還を施さない場合よりも高くなる．この原因として，回路が並列に加えられる効果と，帰還により出力の一部が入力に戻される効果という 2 つの効果が同時に寄与している．

9.3.2 並列帰還（電圧帰還）回路の実例

図 9.3 は代表的な並列帰還回路の実際例である．帰還抵抗 R_f がエミッタ接地増幅回路のコレクタ（出力側）とベース（入力側）間に並列に挿入され，出力電圧に比例した電流が入力側に帰還されている．

簡易等価回路を用いてトランジスタ部分を表すと，図 9.3(e), (f) のようになる．

y パラメータを用いて解析するため，図 9.3(e), (f) の電源と負荷を取り除いて増幅回路部分を取り出し，入力側に電流源 v_1，出力側に電流源 v_2 を接続すると図 9.4 のようになる．

基本増幅回路部分の y パラメータは，

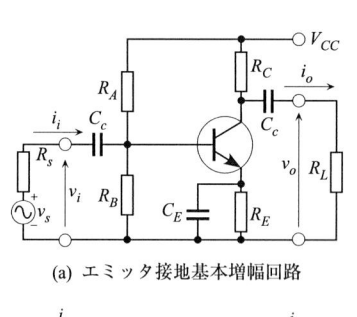

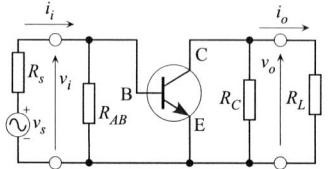

(a) エミッタ接地基本増幅回路

(b) 電流（並列）帰還増幅回路

(c) 基本増幅回路の交流信号に対する回路成分

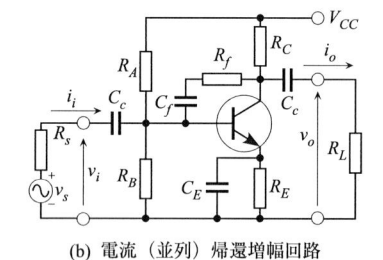

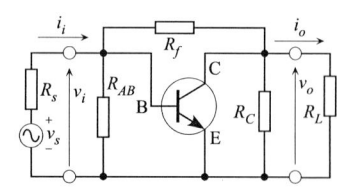

(d) 帰還増幅回路の交流信号に対する回路成分

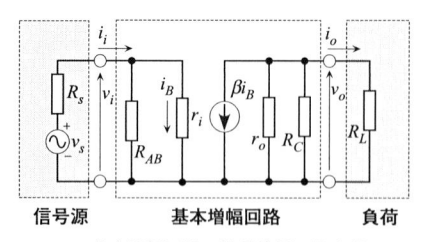

(e) 基本増幅回路の簡易等価回路表現

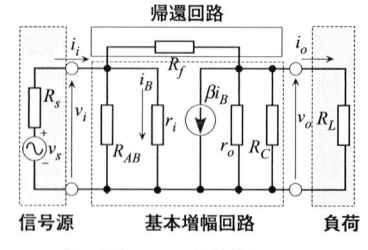

(f) 帰還増幅回路の簡易等価回路表現

図 9.3　コレクタからベースへの負帰還．キャパシタ C_f は十分に大きいと考え，等価回路では短絡されている．$R_{AB} = R_A R_B / (R_A + R_B)$ である．

9.3 実際の負帰還増幅回路

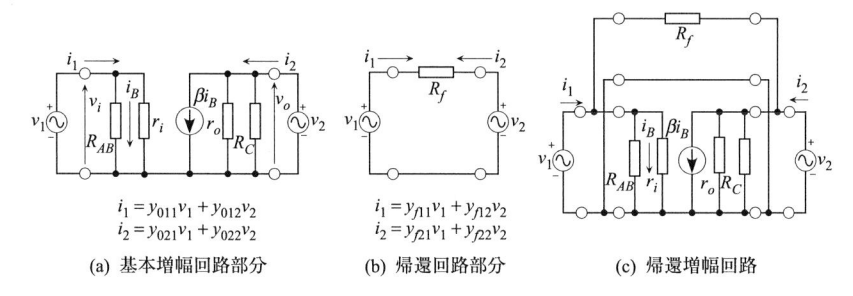

(a) 基本増幅回路部分　　(b) 帰還回路部分　　(c) 帰還増幅回路

図 **9.4** 基本増幅回路部分と帰還回路を y パラメータで表現するために電流源を接続して考える．

$$i_1 = \left(\frac{1}{R_{AB}} + \frac{1}{r_i}\right) v_1 = y_{011} v_1 \tag{9.17}$$

$$i_2 = \beta \frac{v_1}{r_i} + \left(\frac{1}{r_o} + \frac{1}{R_C}\right) v_2 = y_{021} v_1 + y_{022} v_2 \tag{9.18}$$

より，

$$\begin{bmatrix} y_{011} & y_{012} \\ y_{021} & y_{022} \end{bmatrix} = \begin{bmatrix} \dfrac{1}{R_{AB}} + \dfrac{1}{r_i} & 0 \\ \dfrac{\beta}{r_i} & \dfrac{1}{R_C} + \dfrac{1}{r_o} \end{bmatrix} \tag{9.19}$$

となり，帰還回路の y パラメータは，

$$i_1 = \frac{v_1 - v_2}{R_f} = -i_2 \tag{9.20}$$

より，

$$\begin{bmatrix} y_{f11} & y_{f12} \\ y_{f21} & y_{f22} \end{bmatrix} = \begin{bmatrix} \dfrac{1}{R_f} & -\dfrac{1}{R_f} \\ -\dfrac{1}{R_f} & \dfrac{1}{R_f} \end{bmatrix} \tag{9.21}$$

となり，

$$\begin{bmatrix} y_{11} & y_{12} \\ y_{21} & y_{22} \end{bmatrix} = \begin{bmatrix} y_{011} & y_{012} \\ y_{021} & y_{022} \end{bmatrix} + \begin{bmatrix} y_{f11} & y_{f12} \\ y_{f21} & y_{f22} \end{bmatrix}$$

$$= \begin{bmatrix} \dfrac{1}{R_{AB}} + \dfrac{1}{r_i} + \dfrac{1}{R_f} & -\dfrac{1}{R_f} \\ \dfrac{\beta}{r_i} - \dfrac{1}{R_f} & \dfrac{1}{R_C} + \dfrac{1}{r_o} + \dfrac{1}{R_f} \end{bmatrix} \tag{9.22}$$

となる．

電圧増幅率 A_v は,

$$A_v = \frac{y_{21}}{y_{22}+y_L} = \frac{-\dfrac{\beta}{r_i}+\dfrac{1}{R_f}}{\dfrac{1}{R_C}+\dfrac{1}{r_o}+\dfrac{1}{R_f}+\dfrac{1}{R_L}} \tag{9.23}$$

となり,電流増幅率 A_i は,

$$A_i = \frac{y_L}{y_{11}} A_v \frac{1}{1+\dfrac{y_{12}}{y_L}\dfrac{y_L}{y_{11}}A_v} = A_{i0}\frac{1}{1-bA_{i0}} \tag{9.24}$$

$$A_{i0} \equiv \frac{\dfrac{1}{R_L}}{\dfrac{1}{R_{AB}}+\dfrac{1}{r_i}+\dfrac{1}{R_f}} \frac{-\dfrac{\beta}{r_i}+\dfrac{1}{R_f}}{\dfrac{1}{R_C}+\dfrac{1}{r_o}+\dfrac{1}{R_f}+\dfrac{1}{R_L}} \tag{9.25}$$

$$b \equiv -\frac{y_{12}}{y_L} = \frac{R_L}{R_f} \tag{9.26}$$

帰還のために抵抗 R_f を接続したことが,帰還効果以外にも様々な影響を及ぼしている.実際の並列帰還回路では帰還効果以外にも帰還のために回路が並列に接続されたことによる影響(y_{f11},y_{f21},y_{f22})が存在する.

入力アドミタンス y_i は,式 (9.15) から,

$$\begin{aligned} y_i &= \frac{i_1}{v_1} = y_{11} - \frac{y_{12}y_{21}}{y_{22}+y_L} \\ &= \frac{1}{R_{AB}}+\frac{1}{r_i}+\frac{1}{R_f} - \frac{-\dfrac{1}{R_f}\left(\dfrac{\beta}{r_i}-\dfrac{1}{R_f}\right)}{\dfrac{1}{R_C}+\dfrac{1}{r_o}+\dfrac{1}{R_f}+\dfrac{1}{R_L}} \end{aligned} \tag{9.27}$$

となり,出力アドミタンス y_o は式 (9.15) から,

$$\begin{aligned} y_o &= y_{22} - \frac{y_{12}y_{21}}{y_{11}+y_s} \\ &= \frac{1}{R_C}+\frac{1}{r_o}+\frac{1}{R_f} - \frac{-\dfrac{1}{R_f}\left(\dfrac{\beta}{r_i}-\dfrac{1}{R_f}\right)}{\dfrac{1}{R_{AB}}+\dfrac{1}{r_i}+\dfrac{1}{R_f}+\dfrac{1}{R_s}} \end{aligned} \tag{9.28}$$

となる.どちらも帰還回路が存在しない場合よりも大きな値となっている.

【例題 9.1】 図 9.4 の帰還増幅回路について,回路方程式を解くことにより電圧増幅率・電流増幅率を求め,y パラメータで得た値と比較せよ.
【解】 帰還回路の容量 C_f が十分に大きく,そのインピーダンスが無視できる場合,

9.3 実際の負帰還増幅回路

図 9.3(f) の等価回路について節点法で回路方程式をつくると,

$$\frac{v_s - v_i}{R_s} + \frac{0 - v_i}{R_{AB}} + \frac{0 - v_i}{r_i} + \frac{v_o - v_i}{R_f} = 0 \qquad (9.29)$$

$$-\beta i_B + \frac{v_i - v_o}{R_f} + \frac{0 - v_o}{r_o} + \frac{0 - v_o}{R_C} + \frac{0 - v_o}{R_L} = 0 \qquad (9.30)$$

$$i_b = \frac{v_i - 0}{r_i} \qquad (9.31)$$

式 (9.30) から電圧増幅率 $A_v = v_o/v_i$ を求めると,

$$A_v = \frac{v_o}{v_i} = \frac{-\beta\left(\dfrac{1}{r_i} - \dfrac{1}{\beta R_f}\right)}{\dfrac{1}{R_f} + \dfrac{1}{r_o} + \dfrac{1}{R_C} + \dfrac{1}{R_L}} \qquad (9.32)$$

となる. 電圧増幅率は, R_f を付け加えた効果が入力部分と出力部分に現れているが, 帰還の影響はないことがわかる.

次に電流増幅率 $A_i = i_o/i_i$ について考える. 入力電流 i_i と出力電流 i_o は,

$$i_i = \frac{v_i}{R_{AB}} + \frac{v_i}{r_i} + \frac{v_i - v_o}{R_f} \qquad (9.33)$$

$$i_o = \frac{v_o}{R_L} \qquad (9.34)$$

であるから,

$$A_i = \frac{\dfrac{v_o}{R_L}}{\dfrac{v_i}{R_{AB}} + \dfrac{v_i}{r_i} + \dfrac{v_i}{R_f} - \dfrac{v_o}{R_f}} = \frac{\dfrac{1}{R_L}\dfrac{v_o}{v_i}}{\dfrac{1}{R_{AB}} + \dfrac{1}{r_i} + \dfrac{1}{R_f} - \dfrac{1}{R_f}\dfrac{v_o}{v_i}}$$

$$= \frac{\dfrac{1}{R_L}\dfrac{v_o}{v_i}}{\dfrac{1}{R_{AB}} + \dfrac{1}{r_i} + \dfrac{1}{R_f}} \cdot \frac{1}{1 - \dfrac{\dfrac{1}{R_f}}{\dfrac{1}{R_L}} \dfrac{\dfrac{1}{R_L}}{\dfrac{1}{R_{AB}} + \dfrac{1}{r_i} + \dfrac{1}{R_f}}\dfrac{v_o}{v_i}}$$

$$= A_{i0}\frac{1}{1 - bA_{i0}} \qquad (9.35)$$

$$A_{i0} \equiv \frac{v_o}{v_i} \frac{\dfrac{1}{R_L}}{\dfrac{1}{R_{AB}} + \dfrac{1}{r_i} + \dfrac{1}{R_f}}$$

$$= \frac{-\beta\left(\dfrac{1}{r_i} - \dfrac{1}{\beta R_f}\right)}{\dfrac{1}{R_f} + \dfrac{1}{r_o} + \dfrac{1}{R_C} + \dfrac{1}{R_L}} \cdot \frac{\dfrac{1}{R_L}}{\dfrac{1}{R_{AB}} + \dfrac{1}{r_i} + \dfrac{1}{R_f}}$$

$$b \equiv \frac{\dfrac{1}{R_f}}{\dfrac{1}{R_L}} = \frac{R_L}{R_f} \tag{9.36}$$

ここで，b は電流増幅に関する帰還率であり，A_{i0} は帰還がない場合の電流増幅率である．これらの結果は y パラメータを用いた計算結果と一致している．

9.3.3 直列帰還（電流帰還）回路

出力の一部を入力電圧に直列に加える方式が直列帰還である．帰還を施す前の回路では帰還がまったく存在しないと考え，これに帰還のための回路を付け加えて帰還増幅回路とする場合を考える．この回路では，出力電流の一部（出力電流に比例する量）を入力側に帰還するので，電流帰還と呼ばれる場合がある．

図 **9.5**(a) は帰還を施す前の基本増幅回路であり，z パラメータを z_0 と表している．帰還の効果が存在しないため $z_{012}=0$ とし，図では入力側に電圧源として現れるはずの $z_{012}i_2$ が存在しない回路となっている．

この回路に帰還をかけるために接続する回路の z パラメータを z_f とし，図 9.5(b) に示した．帰還が存在しない基本増幅回路と帰還のための回路を接続すると図 9.5(c) のように表すことができる．

帰還を施した回路（図 9.5(c)）の z パラメータは，

$$v_1 = (z_{011} + z_{f11})i_1 + z_{f12}i_2 = z_{11}i_1 + z_{21}i_2 \tag{9.37}$$

$$v_2 = (z_{021} + z_{f21})i_1 + (z_{022} + z_{f22})i_2$$
$$= z_{21}i_1 + z_{22}i_2 = -R_L i_2 \tag{9.38}$$

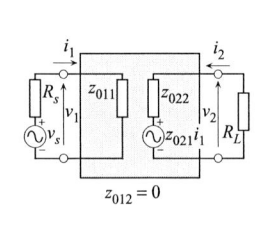

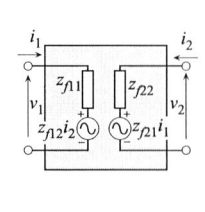

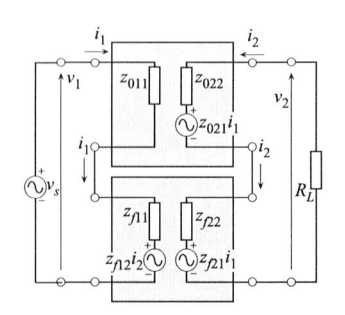

(a) 基本増幅回路（無帰還）　　(b) 帰還のための回路　　(c) 帰還回路と基本増幅回路を直列接続

図 **9.5**　直列帰還増幅回路の原理

となる．帰還を施した増幅回路の特性は，z パラメータとしてこれらの値を用いることにより表すことができる．

帰還のための回路が理想的であり，帰還の効果のみをもつ場合は $z_{f11} = z_{f21} = z_{f22} = 0$ かつ $z_{f12} \neq 0$ となるので，帰還の効果は前節の論議がそのまま成り立つ．しかしながら，実際の回路では z_{f12} だけが値をもつ特性は実現できない．そのため，帰還効果以外の影響が $z_{011} + z_{f11}$，$z_{021} + z_{f21}$，$z_{022} + z_{f22}$ などの形で現れる．

電流増幅率は，

$$A_i = \frac{i_o}{i_i} = \frac{-i_2}{i_1} = \frac{z_{21}}{z_{22} + R_L} = \frac{z_{021} + z_{f21}}{z_{022} + z_{f22} + R_L} \quad (9.39)$$

電圧増幅率は，

$$\begin{aligned}
A_v &= \frac{v_o}{v_i} = \frac{v_2}{v_1} = \frac{-R_L i_2}{i_1} = \frac{-R_L i_2}{z_{11} i_1 + z_{12} i_2} \\
&= \frac{R_L}{z_{11}} \frac{-i_2}{i_1} \frac{1}{1 - \dfrac{z_{12}}{R_L} \dfrac{R_L}{z_{11}} \dfrac{-i_2}{i_1}} \\
&= \frac{R_L}{z_{011} + z_{f11}} \frac{-i_2}{i_1} \frac{1}{1 - \dfrac{z_{f12}}{R_L} \dfrac{R_L}{z_{011} + z_{f11}} \dfrac{-i_2}{i_1}} = A_{v0} \frac{1}{1 - b A_{v0}} \quad (9.40)
\end{aligned}$$

となる．ただし，

$$A_{v0} \equiv \frac{R_L}{z_{011} + Z_{f11}} A_i = \frac{R_L}{z_{011}} \frac{z_{021} + z_{f21}}{z_{22} + z_{f22} + R_L} \quad (9.41)$$

$$b \equiv \frac{z_{f12}}{R_L} \quad (9.42)$$

であり，帰還効果が存在しないときの電圧増幅率 A_{v0} に z_{f21} や z_{f22} が含まれており，帰還効果（z_{f12}）の他にも影響が現れることがわかる．入出力インピーダンスに関しても同様に解析できる．

9.3.4 直列帰還（電流帰還）回路の実例

実際の直列帰還増幅回路の代表的な例を図 **9.6** に示した．エミッタに直列に抵抗 R_f が挿入されており，ここに現れる電位差が入力電圧に加えられ，帰還が行われる．帰還を施さない通常のエミッタ接地基本増幅回路を比較のため図 9.6(a) に示した．この回路に帰還抵抗 R_f を挿入すると図 9.6(b) のようになる．

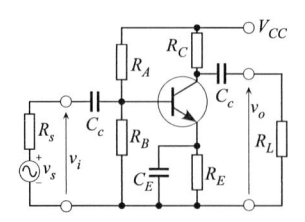

(a) 帰還回路をもたないエミッタ接地基本増幅回路

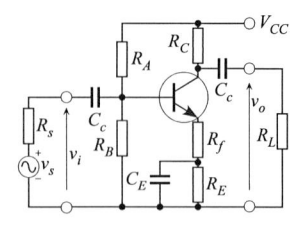

(b) 電圧（直列）帰還増幅回路

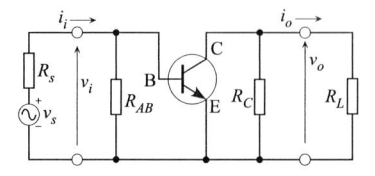

(c) 基本増幅回路の交流信号に対する回路成分

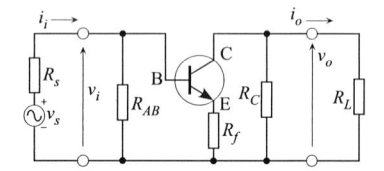

(d) 帰還増幅回路の交流信号に対する回路成分

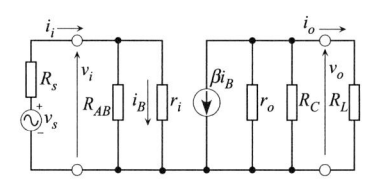

(e) 基本増幅回路の簡易等価回路表現

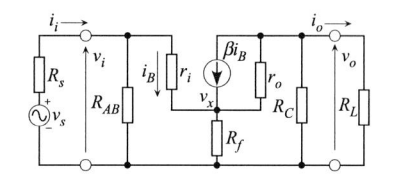

(f) 帰還増幅回路の簡易等価回路表現

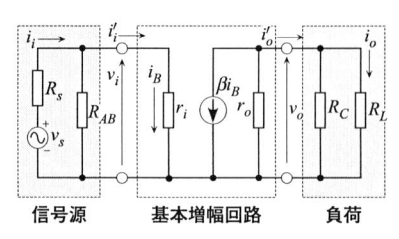

(g) 基本増幅回路の R_{AB} を信号源に，R_C を負荷に含める．

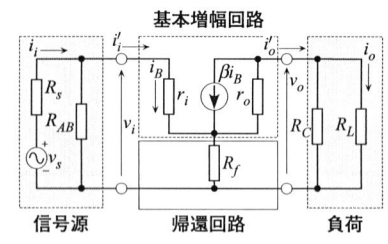

(h) 帰還増幅回路の R_{AB} を信号源に，R_C を負荷に含める．

図 **9.6** 代表的な直列帰還回路の例．$R_{AB} \equiv R_A R_B / (R_A + R_B)$ であり，解析を容易にするためバイアス抵抗 R_{AB} を電源に，R_C を負荷に含めている．このように扱っても v_i, v_o は影響されない．

回路の動作をわかりやすく示すために図 9.6(c), (d) に交流信号に対する回路成分を示した．

簡易等価回路を用いてトランジスタ部分を表すと図 9.6(e), (f) のようになる．帰還の効果が明確に表現できるようにするため，バイアス抵抗 R_{AB} を信号源に，R_C を負荷に含ませて考えると図 9.6(g), (h) のようになる．このように考えても

9.3 実際の負帰還増幅回路

入力電圧 v_i, 出力電圧 v_o の定義は変わっていないので, 電圧増幅率等の解析には影響を及ぼさない. ただし, 入力電流は R_{AB} に流れる部分が省かれているので, これを i'_i とする. 同様に出力電流では R_C に流れる成分まで加算されているのでこれを i'_o と表す.

z パラメータを用いて解析するため, 図 9.6(g), (h) を取り出して, 入力側に電流源 i_1 を, 出力側に電流源 i_2 を接続すると図 **9.7** のようになる.

基本増幅回路部分の v_1, v_2 を i_1, i_2 で表すことにより z パラメータが得られ,

$$v_1 = r_i i_1 = z_{o11} i_1 \tag{9.43}$$

$$v_2 = r_o(i_2 - \beta i_B) = -\beta r_o i_1 + r_o i_2 = z_{o21} i_1 + z_{o22} i_2 \tag{9.44}$$

すなわち,

$$\begin{bmatrix} z_{o11} & z_{o12} \\ z_{o21} & z_{o22} \end{bmatrix} = \begin{bmatrix} r_i & 0 \\ -\beta r_o & r_o \end{bmatrix} \tag{9.45}$$

となる. 同様にして帰還回路の z パラメータは,

$$v_1 = R_f(i_1 + i_2) = R_r i_1 + R_f i_2 = z_{f11} i_1 + z_{f12} i_2 \tag{9.46}$$

$$v_2 = v_1 = R_f i_1 + R_f i_2 = z_{f21} i_1 + z_{f22} i_2 \tag{9.47}$$

となり,

$$\begin{bmatrix} z_{r11} & z_{f12} \\ z_{f21} & z_{f22} \end{bmatrix} = \begin{bmatrix} R_f & R_f \\ R_f & R_f \end{bmatrix} \tag{9.48}$$

(a) 基本増幅回路部分
$v_1 = z_{o11} i_1 + z_{o12} i_2$
$v_2 = z_{o21} i_1 + z_{o22} i_2$

(b) 帰還回路部分
$v_1 = z_{f11} i_1 + z_{f12} i_2$
$v_2 = z_{f21} i_1 + z_{f22} i_2$

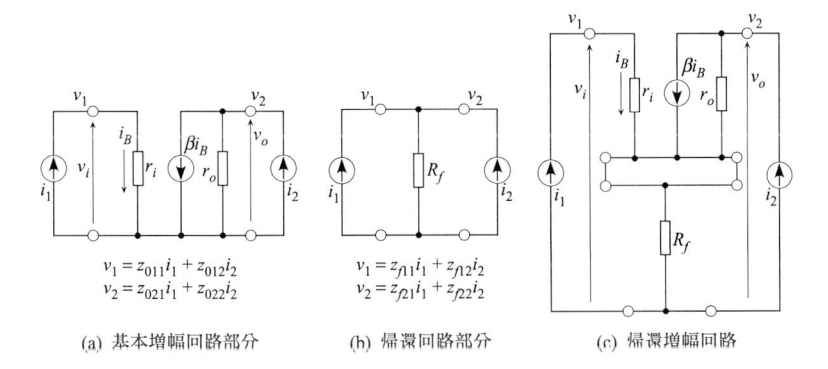

(c) 帰還増幅回路

図 **9.7** 基本増幅回路部分と帰還回路を z パラメータで表現するために電流源を接続して考える.

となる．このように，現実の帰還回路では z_{f12} 以外の項が値をもっており，回路を挿入することにより帰還効果以外の影響が存在することを意味している．

エミッタ接地基本増幅回路に帰還抵抗 R_f を接続した帰還増幅回路の z パラメータは，

$$\begin{bmatrix} z_{11} & z_{12} \\ z_{21} & z_{22} \end{bmatrix} = \begin{bmatrix} z_{011} & z_{012} \\ z_{021} & z_{022} \end{bmatrix} + \begin{bmatrix} z_{f11} & z_{f12} \\ z_{f21} & z_{f22} \end{bmatrix}$$

$$= \begin{bmatrix} r_i + R_f & R_f \\ -\beta r_o + R_f & r_o + R_f \end{bmatrix} \tag{9.49}$$

となる．帰還増幅回路の電流増幅率 A_i' を，R_{AB} を含む信号源から増幅回路に流入する電流に対する R_C を含む負荷に流出する電流の比，すなわち $A_i' = i_o'/i_i'$ と考えると，

$$A_i' = \frac{i_o'}{i_i'} = \frac{z_{21}}{z_{22} + R_L'} = \frac{-\beta r_o + R_f}{r_o + R_f + R_L'} \tag{9.50}$$

となる[*2)]．ただし，

$$R_L' = \frac{R_C R_L}{R_C + R_L} \tag{9.51}$$

である．

電圧増幅率 A_v は，

$$A_v = \frac{R_L'}{z_{11}} A_i' \frac{1}{1 - \frac{z_{12}}{R_L'} \frac{R_L'}{z_{11}} A_i'} = A_{v0} \frac{1}{1 - b A_{v0}} \tag{9.52}$$

となる．ここで，

$$A_{v0} \equiv \frac{R_L'}{z_{11}} A_i' = \frac{R_L'}{r_i + R_f} \frac{-\beta r_o + R_f}{r_o + R_f + R_L'} \tag{9.53}$$

$$b \equiv \frac{z_{12}}{R_L'} = \frac{R_f}{R_L'} \tag{9.54}$$

となる．

A_i' や A_{v0} に R_f が含まれているが，これは帰還の効果ではなく，帰還回路を接続したことによる帰還以外（z_{f11}, z_{f21}, z_{f22}）の効果である．

[*2)] 通常のように R_{AB} を信号源ではなく増幅回路に含め，入力電流に対する負荷抵抗 R_L に流れる電流の比として電流増幅率を定義すると，R_{AB} に流れる電流と R_C に流れる電流を差し引きしなければならない．

R_{AB} を省いた入力インピーダンス z_i' は，

$$z_i' = z_{11} - \frac{z_{12}z_{21}}{z_{22} + R_L'} = r_i + R_f - \frac{R_f(-\beta r_o + R_f)}{r_o + R_f + R_L'} \tag{9.55}$$

となり，R_C を負荷に含ませたときの（R_C を省いたときの）出力インピーダンス z_o' は，

$$z_o' = z_{22} - \frac{z_{12}z_{21}}{z_{11} + R_s'} = r_o + R_F - \frac{R_f(-\beta r_o + R_f)}{r_i + R_f + R_s'} \tag{9.56}$$

となる．ここで，R_s' は R_{AB} を信号源に含ませたときの信号源の出力インピーダンス（出力抵抗）であり，

$$R_s' = \frac{R_s R_{AB}}{R_s + R_{AB}} \tag{9.57}$$

である．どちらのインピーダンスも，帰還回路を接続しない場合に比べると高くなっている．

入力インピーダンス z_i は z_i' に R_{AB} を並列に付け加えることにより得られる．これは，上記の解析では R_{AB} を電源の一部とみなしており，R_{AB} を増幅回路に含めると，R_{AB} を流れる電流が入力電流に加えられることによる．

同様に，出力インピーダンスでは R_C を並列に付け加えなければならない．上記の解析ではコレクタ抵抗 R_C も負荷の一部と考え，負荷抵抗 R_L とコレクタ抵抗 R_C に流れる電流を負荷電流として扱っているためである．実際の負荷電流は負荷抵抗に流れる電流であり，負荷端子からみた増幅回路の出力インピーダンスにはコレクタ抵抗 R_C が並列に含まれる．

【例題 9.2】 図 9.6 の帰還増幅回路について，回路方程式を解くことにより電圧増幅率を求め，z パラメータで得た値と比較せよ．

【解】 図 9.6(f) の回路で，エミッタの電位を v_x として v_x 点と v_o 点について回路方程式をつくると，

$$\frac{v_i - v_x}{r_i} + \frac{0 - v_x}{R_f} + \beta i_B + \frac{v_o - v_x}{r_o} = 0 \tag{9.58}$$

$$\frac{v_x - v_o}{r_o} - \beta i_B + \frac{0 - v_o}{R_C} + \frac{0 - v_o}{R_L} = 0 \tag{9.59}$$

$$\frac{v_i - v_x}{r_i} = i_B \tag{9.60}$$

となり，式 (9.58) より，

$$\frac{1+\beta}{r_i}v_i + \frac{1}{r_o}v_o = \left(\frac{1+\beta}{r_i} + \frac{1}{R_f} + \frac{1}{r_o}\right)v_x \tag{9.61}$$

が得られ，これを式 (9.59) に代入し，$1/R'_L \equiv 1/R_C + 1/R_L$ と置いて整理すると，

$$\frac{v_o}{v_i} = \frac{-\dfrac{1}{R_f}\dfrac{\beta}{r_i} + \dfrac{1}{r_o}\dfrac{1}{r_i}}{\dfrac{1}{r_o}\left(\dfrac{1}{r_i}+\dfrac{1}{R_f}\right)+\dfrac{1}{R'_L}\left(\dfrac{1+\beta}{r_i}+\dfrac{1}{R_f}+\dfrac{1}{r_o}\right)}$$

$$= \frac{R'_L(-\beta r_o + R_f)}{(r_i + R_f)(r_o + R_f + R'_L) + R_f(\beta r_o - R_f)}$$

$$= \frac{R'_L}{r_i + R_f}\frac{-\beta r_o + R_f}{r_o + R_f + R'_L}\frac{1}{1 - \dfrac{R_f}{R'_L}\dfrac{R'_L}{r_i + R_f}\dfrac{-\beta r_o + R_f}{r_o + R_f + R'_L}} \quad (9.62)$$

となり，式 (9.52) と一致する．

9.4　発振回路（正帰還の応用）

負帰還により，回路が安定化することを前節で述べたが，逆に正帰還を施すことにより回路の状態が不安定となり，入力がなくとも出力が現れる状態，すなわち発振に至る．

9.4.1　発振回路の基本原理

図 9.1 の回路で，増幅率が無限に大きい場合には入力がない状態で出力を得ることができる．この状態を得るためには，式 (9.3) で分母が 0 となる条件を求めればよい．発振回路の発振条件は，

$$1 - bA_0 = 0 \quad (9.63)$$

または，

$$bA_0 = 1 \quad (9.64)$$

となる．通常，増幅率 A_0 は複素量であるから，これらの式は実数部（= 1）と虚数部（= 0）に関してそれぞれ代数方程式を含んでいる．

式 (9.64) の bA_0 という値は，入力が増幅された後帰還回路を経て入力端子に加えられる場合の，入力に対する比率を表している．このことから，この値をループ利得という．この観点から考えると発振現象は，入力が増幅され，帰還回路を経て再び入力に戻されたとき，その値が元の入力とまったく等しくなっているこ

9.4 発振回路（正帰還の応用）

とであると考えることができる．

出力の一部を入力に加える最も一般的な方法はインダクタとキャパシタの組合せを用いるもので，LC 発振回路と総称されている．この代表的な例について次項に示した．このほかにも抵抗とキャパシタを用いて出力の位相を入力と同相になるように変化させ，入力に加える CR 発振回路など，多数の方式が考案されている．

9.4.2 発振回路の例

図 **9.8** はハートレー回路と呼ばれる発振回路である．

実際の回路から信号電圧に関係する部分を（重ね合わせの定理により）取り出すと，図 9.8(b) のようになる．さらに，信号が伝送・増幅される経路をわかりやすく表すと，図 9.8(c) のようになる．トランジスタ部分を簡易等価回路で置き換えると図 9.8(d) のようになる．

帰還増幅の考えに基づいて発振回路を解析するには，ループ利得 bA_0 を求め，その値が 1 となる条件を見出せばよい．解析をわかりやすくするために，図 9.8 の回路の抵抗を図 **9.9** のようにまとめて考える．

$$R_1 \equiv \frac{1}{\dfrac{1}{r_0} + \dfrac{1}{R_C} + \dfrac{1}{R_L}}$$

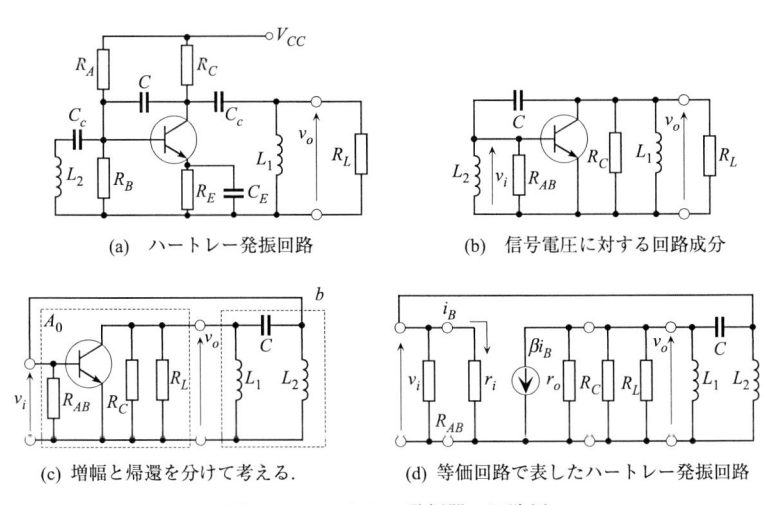

図 **9.8** ハートレー発振器の回路例

(a) ハートレー発振回路
(b) 信号電圧に対する回路成分
(c) 増幅と帰還を分けて考える．
(d) 等価回路で表したハートレー発振回路

(a) 等価回路で表したハートレー発振回路

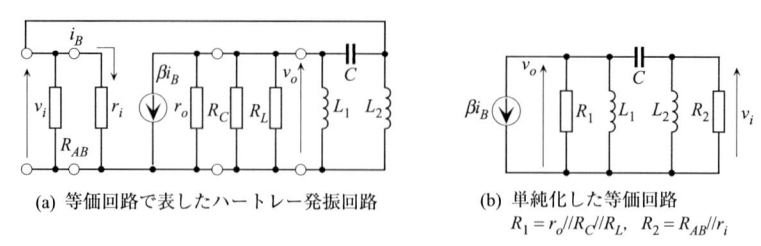

(b) 単純化した等価回路
$R_1 = r_o // R_C // R_L$, $R_2 = R_{AB} // r_i$

図 9.9　ハートレー発振器の等価回路

$$R_2 \equiv \frac{1}{\dfrac{1}{r_i} + \dfrac{1}{R_{AB}}}$$

図 9.9(b) の回路は単なる直並列回路なので，回路方程式をつくらなくとも解析できる．

$$v_o = -\beta i_b \frac{1}{\dfrac{1}{R_1} + \dfrac{1}{j\omega L_1} + \dfrac{1}{\dfrac{1}{j\omega C} + \dfrac{1}{\dfrac{1}{R_2} + \dfrac{1}{j\omega L_2}}}} \tag{9.65}$$

$$i_b = \frac{v_i}{r_i} \tag{9.66}$$

この式から，電圧増幅率 $A_0 = v_o/v_i$ は，

$$v_o = -\beta \frac{v_i}{r_i} \frac{1}{\dfrac{1}{R_1} + \dfrac{1}{j\omega L_1} + \dfrac{1}{\dfrac{1}{j\omega C} + \dfrac{1}{\dfrac{1}{R_2} + \dfrac{1}{j\omega L_2}}}} \tag{9.67}$$

$$A_0 = \frac{v_o}{v_i} = \frac{\dfrac{-\beta}{r_i}}{\dfrac{1}{R_1} + \dfrac{1}{j\omega L_1} + \dfrac{1}{\dfrac{1}{j\omega C} + \dfrac{1}{\dfrac{1}{R_2} + \dfrac{1}{j\omega L_2}}}} \tag{9.68}$$

帰還率 $b = v_i/v_o$ は，v_o が R_2 と L_2 の並列回路と C が直列接続された回路により分圧されて v_i となっていることから，

9.4 発振回路(正帰還の応用)

$$v_i = \cfrac{\cfrac{1}{\cfrac{1}{R_2}+\cfrac{1}{j\omega L_2}}}{\cfrac{1}{j\omega C}+\cfrac{1}{\cfrac{1}{R_2}+\cfrac{1}{j\omega L_2}}} v_o \tag{9.69}$$

$$b = \frac{v_i}{v_o} = \cfrac{\cfrac{1}{\cfrac{1}{R_2}+\cfrac{1}{j\omega L_2}}}{\cfrac{1}{j\omega C}+\cfrac{1}{\cfrac{1}{R_2}+\cfrac{1}{j\omega L_2}}} \tag{9.70}$$

発振条件は $bA_0 = 1$ であるから,

$$bA_0 = \frac{v_o}{v_i}\frac{v_i}{v_o} = \cfrac{\cfrac{-\beta}{r_i}}{\cfrac{1}{R_1}+\cfrac{1}{j\omega L_1}+\cfrac{1}{\cfrac{1}{j\omega C}+\cfrac{1}{\cfrac{1}{R_2}+\cfrac{1}{j\omega L_2}}}} \cfrac{\cfrac{1}{\cfrac{1}{R_2}+\cfrac{1}{j\omega L_2}}}{\cfrac{1}{j\omega C}+\cfrac{1}{\cfrac{1}{R_2}+\cfrac{1}{j\omega L_2}}}$$

$$= \cfrac{\cfrac{-\beta}{r_i}}{\left(\cfrac{1}{R_1}+\cfrac{1}{j\omega L_1}\right)\left(\cfrac{1}{j\omega C}+\cfrac{1}{\cfrac{1}{R_2}+\cfrac{1}{j\omega L_2}}\right)+1} \cfrac{1}{\cfrac{1}{R_2}+\cfrac{1}{j\omega L_2}}$$

$$= \cfrac{\cfrac{-\beta}{r_i}}{\left(\cfrac{1}{R_1}+\cfrac{1}{j\omega L_1}\right)\left\{\cfrac{1}{j\omega C}\left(\cfrac{1}{R_2}+\cfrac{1}{j\omega L_2}\right)+1\right\}+\left(\cfrac{1}{R_2}+\cfrac{1}{j\omega L_2}\right)}$$

$$= 1 \tag{9.71}$$

となる.この式は複素数の等式であるから,実数部が 1,虚数部が 0 でなければならない.すなわち,

$$-\frac{1}{\omega^2 CL_2 R_1}+\frac{1}{R_1}-\frac{1}{\omega^2 L_1 CR_2}+\frac{1}{R_2} = \frac{-\beta}{r_i} \tag{9.72}$$

$$-\frac{1}{\omega CR_1 R_2}+\frac{1}{(\omega)^3 L_1 L_2 C}-\frac{1}{j\omega L_1}-\frac{1}{j\omega L_2} = 0 \tag{9.73}$$

となる.これらの式から,トランジスタの増幅率 β に対する条件と発振周波数が得られる.すなわち,

$$\frac{\beta}{r_i} = \frac{1}{R_1}\left(\frac{1}{\omega^2 CL_2} - 1\right) + \frac{1}{R_2}\left(\frac{1}{\omega^2 CL_1} - 1\right) \quad (9.74)$$

$$\frac{1}{\omega^2 L_1 L_2 C} = \frac{1}{L_1} + \frac{1}{L_2} + \frac{1}{CR_1 R_2} \quad (9.75)$$

となり,

$$\beta = \frac{r_i}{R_1}\left(\frac{1}{\omega^2 CL_2} - 1\right) + \frac{r_i}{R_2}\left(\frac{1}{\omega^2 CL_1} - 1\right) \quad (9.76)$$

$$\omega^2 = \frac{1}{C(L_1 + L_2)} \frac{1}{1 + \dfrac{L_1 L_2}{C(L_1 + L_1)R_1 R_2}} \quad (9.77)$$

となる.r_0, R_C, R_L が十分に大きい場合,発振周波数は,

$$\omega^2 = \frac{1}{C(L_1 + L_2)} \frac{1}{1 + \dfrac{L_1 L_2}{C(L_1 + L_1)R_1 R_2}} \cong \frac{1}{C(L_1 + L_2)} \quad (9.78)$$

となる.通常はこの条件が満たされる状態で使用する.また,図9.8ではコレクタから結合キャパシタを介して出力を取り出しているが,L_1 から相互誘導を利用して出力を取り出す方法がより広く用いられている.

演 習 問 題

9.1 図9.6(b) の回路の解析では,煩雑さを避けるために,バイアス抵抗 R_{AB} を信号源に,コレクタ抵抗 R_C を負荷に含め,入力電流を i'_i,出力電流を i'_o として解析した.このような処理をせずに通常の i_i, i_o について解析するとどうなるか.以下の手順で調べよ.

 a) 負荷抵抗 R_L に流れる電流 i_o を R'_L に流れる電流 i'_o で表せ.
 b) R_{AB} を含まない入力インピーダンス z'_i に流入する電流が i'_i であり,R_{AB} に流入する電流と z'_i に流入する電流の和が i_i である.このことから,i_i を R_{AB}, z'_i, i'_i で表せ.
 c) 電流増幅率 $A_i = i_o/i_i$ を求めよ.
 d) R_{AB} を増幅回路に含めた入力インピーダンス z_i を求めよ.
 e) R_C を負荷に含めない場合の出力インピーダンス z_o を求めよ.

9.2 任意の増幅回路を h パラメータで表し,信号電圧 v_s,出力抵抗 R_s の信号源と抵抗値 R_L の負荷抵抗を接続したとき,回路の電圧増幅率,電流増幅率,入力インピーダンス,出力インピーダンスを h パラメータと R_s, R_L を用いて表せ.この場合,帰還の効果はどのように特性に影響しているか考えよ.

9.3 任意の増幅回路を g パラメータで表し，信号電圧 v_s，出力抵抗 R_s の信号源と抵抗値 R_L の負荷抵抗を接続したとき，回路の電圧増幅率，電流増幅率，入力インピーダンス，出力インピーダンスを g パラメータと R_s, R_L を用いて表せ．この場合，帰還の効果はどのように特性に影響しているか考えよ．

9.4 図 **9.10** はトランジスタ増幅回路でしばしば用いられてきた帰還増幅回路である．出力側に並列に挿入された抵抗 R_{fc} により出力電圧を取り出し，入力側に直列に挿入された R_{fe} により出力の一部を入力側に帰還している．この回路について，電圧増幅率を以下の手順で求め，検討せよ．ただし，バイアス抵抗 R_{A1}, R_{B1}, R_{A2}, R_{B2} は他の抵抗に比べ十分高抵抗であり，これらを流れる信号電流は無視できると考える．また，結合キャパシタ C_c，エミッタバイパスキャパシタ C_E，帰還回路の帰還キャパシタ C_f の信号成分に対するインピーダンスは十分に低いものとする．

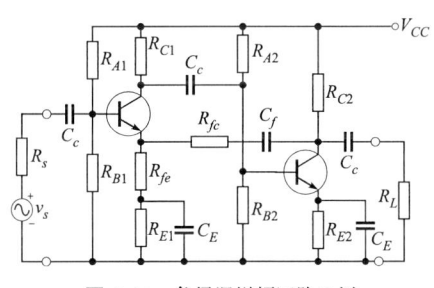

図 **9.10** 負帰還増幅回路の例

a) 交流信号に対する回路成分を示せ．ただし，トランジスタの等価回路は簡易等価回路を用い r_o は十分に大きいので省略できると考える．

b) 帰還抵抗 R_{fc} は R_L に比べて十分に大きく，これに流れる電流は負荷電流に比べると十分に小さいと考え，電圧増幅率を求めよ．

9.5 図 **9.11** に代表的な LC 発振回路を示した．これらの回路について発振周波数を求めよ．ただし，結合キャパシタ C_C，バイパスキャパシタ C_E, C_R，ベース

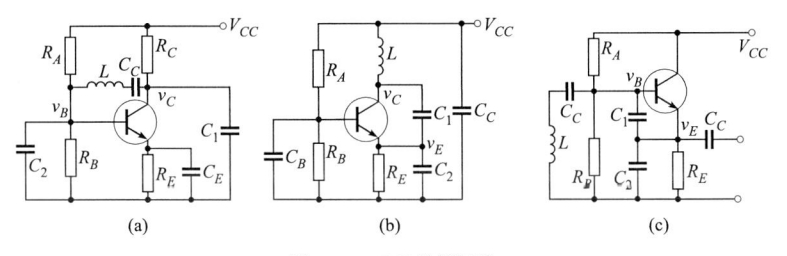

図 **9.11** LC 発振回路

バイアス抵抗 R_A, R_B の値は十分に大きいものとする．ただし，トランジスタの等価回路は簡易等価回路を用いること．

10. 差動増幅器とその応用回路

　一般に直結型の直流増幅は動作点が不安定になりやすく実現困難であるが，差動増幅とすることにより実用的な回路を構成できる．この回路は，演算増幅器として直流増幅に広く用いられている．

10.1　差 動 増 幅 器

　演算増幅器やコンパレータは，高利得・高入力インピーダンスの差動増幅器である．そこで，これらについて理解を深めるために差動増幅器の基本構成について述べる．

10.1.1　差動増幅回路の基本構成

　差動増幅回路は，同じ特性をもつ2つの増幅器に2つの入力信号を加えたとき，入力の差が増幅されるように工夫した回路である．図 **10.1** は，最も基本的な差動増幅回路であり，エミッタ抵抗が共通に使われているところがこの回路の特徴

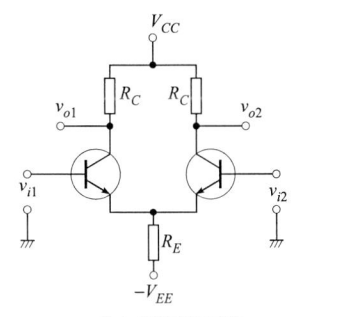

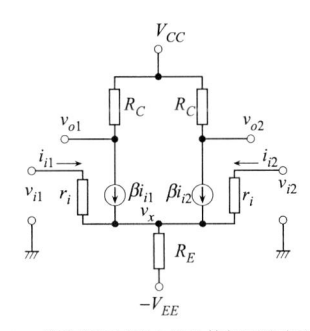

(a) 基本差動増幅回路　　(b) 差動増幅回路の簡易等価回路表現

図 **10.1**　差動増幅回路の基本構成とその簡易等価回路表現

である．同時にトランジスタを簡易等価回路で表したものが示されている．解析を簡単にするため，等価回路で出力抵抗 r_o は十分に大きいと考え省略した．トランジスタの特性はまったく等しいと考える．

出力端子と v_x 点について節点法で回路方程式をつくると，

$$\frac{V_{CC} - v_{o1}}{R_C} - \beta i_{i1} = 0$$

$$\frac{V_{CC} - v_{o2}}{R_C} - \beta i_{i2} = 0$$

$$\frac{v_{i1} - v_x}{r_i} + \frac{v_{i2} - v_x}{r_i} + \beta i_{i1} + \beta i_{i2} + \frac{-V_{EE} - v_x}{R_E} = 0$$

$$i_{i1} = \frac{v_{i1} - v_x}{r_i}$$

$$i_{i2} = \frac{v_{i2} - v_x}{r_i}$$

となり，これより

$$v_{o1} = V_{CC} - R_C \beta \frac{v_{i1} - v_x}{r_i} \tag{10.1}$$

$$v_{o2} = V_{CC} - R_C \beta \frac{v_{i2} - v_x}{r_i} \tag{10.2}$$

$$v_x = \frac{\dfrac{1+\beta}{r_i}(v_{i1} + v_{i2}) - \dfrac{V_{EE}}{R_E}}{2\dfrac{1+\beta}{r_i} + \dfrac{1}{R_E}} \tag{10.3}$$

となる．これらの式から v_x を消去すれば，

$$v_{o1} = V_{CC} - \frac{\dfrac{1}{R_E}}{2\dfrac{1+\beta}{r_i} + \dfrac{1}{R_E}} \frac{R_C}{r_i} \beta V_{EE}$$

$$- \frac{R_C}{r_i} \beta \left\{ v_{i1} - \frac{\dfrac{1+\beta}{r_i}(v_{i1} + v_{i2})}{2\dfrac{1+\beta}{r_i} + \dfrac{1}{R_E}} \right\} \tag{10.4}$$

$$v_{o2} = V_{CC} - \frac{\dfrac{1}{R_E}}{2\dfrac{1+\beta}{r_i} + \dfrac{1}{R_E}} \frac{R_C}{r_i} \beta V_{EE}$$

$$- \frac{R_C}{r_i} \beta \left\{ v_{i2} - \frac{\dfrac{1+\beta}{r_i}(v_{i1} + v_{i2})}{2\dfrac{1+\beta}{r_i} + \dfrac{1}{R_E}} \right\} \tag{10.5}$$

10.1 差動増幅器

となる. $v_{i1} = v_{i2} = 0$ のとき $v_{o1} = v_{o2} = 0$ となるように R_E, V_{EE} を選べば,

$$v_{o1} = -\frac{R_C}{r_i}\beta\left\{v_{i1} - \frac{\dfrac{1+\beta}{r_i}(v_{i1}+v_{i2})}{2\dfrac{1+\beta}{r_i}+\dfrac{1}{R_E}}\right\} \tag{10.6}$$

$$v_{o2} = -\frac{R_C}{r_i}\beta\left\{v_{i2} - \frac{\dfrac{1+\beta}{r_i}(v_{i1}+v_{i2})}{2\dfrac{1+\beta}{r_i}+\dfrac{1}{R_E}}\right\} \tag{10.7}$$

となる.

ここで,同相電圧 v_{ci}, v_{co} と差動相(または逆相)電圧 v_{di}, v_{do} を,

$$v_{ci} = v_{i1} + v_{i2} \tag{10.8}$$

$$v_{co} = v_{o1} + v_{o2} \tag{10.9}$$

$$v_{di} = v_{i1} - v_{i2} \tag{10.10}$$

$$v_{do} = v_{o1} - v_{o2} \tag{10.11}$$

と定義し,同相電圧に対する増幅率 $A_c = v_{co}/v_{ci}$ と差動相電圧に対する増幅率 $A_d = v_{do}/v_{di}$ を求める.

差動相電圧に対しては,

$$v_{o1} - v_{o2} = -\beta\frac{R_C}{r_i}(v_{i1} - v_{i2}) \tag{10.12}$$

より,

$$A_d = \frac{v_{do}}{v_{di}} = \frac{v_{o1}-v_{o2}}{v_{i1}-v_{i2}} = -\beta\frac{R_C}{r_i} \tag{10.13}$$

となる. また,同相電圧に対しては,

$$v_{o1} + v_{o2} = -\beta\frac{R_c}{r_i}\left\{v_{i1}+v_{i2} - 2\frac{\dfrac{1+\beta}{r_i}(v_{i1}+v_{i2})}{2\dfrac{1+\beta}{r_i}+\dfrac{1}{R_E}}\right\} \tag{10.14}$$

より,

$$A_c = \frac{v_{co}}{v_{ci}} = \frac{v_{o1}+v_{o2}}{v_{i1}+v_{i2}} = -\beta\frac{R_C}{r_i}\frac{\dfrac{1}{R_E}}{2\dfrac{1+\beta}{r_i}+\dfrac{1}{R_E}} \tag{10.15}$$

となる.

同相電圧の増幅率に対する差動相電圧の増幅率の割合を同相信号除去比（common mode rejection ratio）という．これを $CMRR$ とすれば，

$$CMRR \equiv \frac{A_d}{A_c} = \frac{2\dfrac{1+\beta}{r_i} + \dfrac{1}{R_E}}{\dfrac{1}{R_E}} = 1 + 2(1+\beta)\frac{R_E}{r_i} \qquad (10.16)$$

となる．この値が大きいほど理想的な差動増幅器に近づく．図10.1では，2つの回路に同じ電圧が加えられるとエミッタ抵抗に流れる電流が増加することによる負帰還がかかり，増幅率は低くなる．2つの入力の位相が逆ならばエミッタ電流は変化せずエミッタ抵抗による負帰還は作用しない．このように，エミッタ抵抗が共通に使われていることが同相信号除去率を高くする要因となっている．

10.1.2 同相信号除去比 $CMRR$ を大きくする方法

一般的な演算増幅器では $CMRR = 10000$（80 dB）程度であるが，図10.1の回路ではこの値を実現することは不可能である．回路的に $CMRR$ を大きくするためには R_E を大きくすればよいが，R_E を大きくすると回路に流れる電流が減少するため，正常な動作が不可能となる．

そこで，エミッタ電流を流したままで等価的に R_E を大きくするために，エミッタ回路に定電流源を用いる方法が考え出された．図**10.2** は，エミッタ回路に定電流源を用いた差動増幅回路の例である．この回路では，

$$i_E = i_{i1} + \beta i_{i1} + i_{i2} + \beta i_{i2} = (1+\beta)(i_{i1} + i_{i2}) \qquad (10.17)$$

であり，

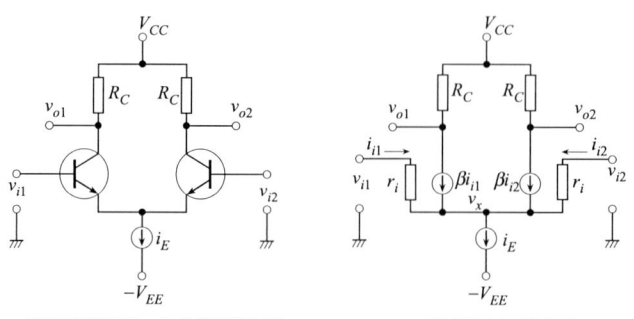

(a) 定電流源を用いた差動増幅回路　　(b) 簡易等価回路表現

図 **10.2**　エミッタ回路に定電流源を用いた差動増幅回路とその簡易等価回路表現

10.1 差動増幅器

$$v_{o1} = V_{CC} - R_C \beta i_{i1} \tag{10.18}$$

$$v_{o2} = V_{CC} - R_C \beta i_{i2} \tag{10.19}$$

であるから，$v_{i1} = v_{i2} = 0$ のとき $v_{o1} = v_{o2} = 0$ となるように i_E を選ぶと，

$$i_E = 2V_{CC}\frac{1+\beta}{\beta R_C} \tag{10.20}$$

となる．この条件で同相出力電圧 v_{co} を求めると，

$$v_{co} = v_{o1} + v_{o2} = 2V_{CC} - R_C\beta(i_{i1} + i_{i2}) = 2V_{CC} - R_C\beta\frac{i_E}{1+\beta} = 0 \tag{10.21}$$

となり，同相電圧に対する増幅率は零（$A_c = 0$）となるので，同相除去率 $CMRR$ は，

$$CMRR = \frac{A_d}{A_c} \rightarrow \infty \tag{10.22}$$

となる．

このように，エミッタ回路に定電流源を用いることで，差動増幅器の同相信号除去率を著しく高くできる．このための最も簡単な定電流源はトランジスタで構成することができる．図 **10.3** はトランジスタを用いた最も簡単な定電流回路とそれを用いた差動増幅回路の例である．トランジスタはそれ自体で定電流素子であり，ベースに流入する電流を一定にすればコレクタにはコレクタ電圧に関係なくベース電流の β 倍の一定電流が流れる．これを簡易等価回路で表すと図 10.3(a) のようになる．ただし，議論を簡単にするため，簡易等価回路の出力抵抗 r_o を無視している．これを差動増幅回路に用いると，図 10.3(b) のようになる．ここで，

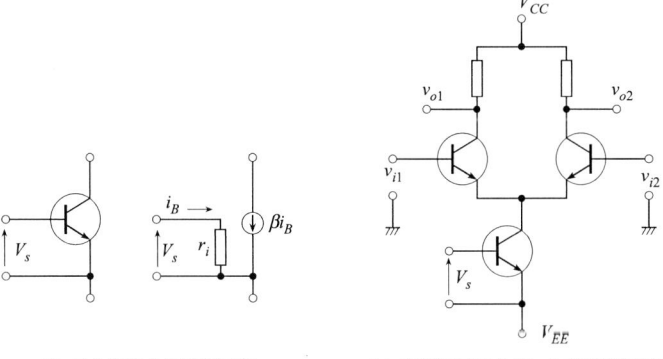

(a) 最も簡単な定電流回路　　(b) 定電流回路を用いた差動増幅回路

図 **10.3**　最も簡単な定電流回路とそれを用いた差動増幅回路

基準となる一定電圧 V_s を図のように定電流トランジスタのベース・エミッタ間に加える必要があるが，このための回路は図では省略されている．

10.1.3 差動信号の単出力回路

前項までに示した差動増幅回路は 2 つの入力信号に対して 2 つの出力信号をもっている．しかしながら差動増幅回路を演算増幅器やコンパレータとして使うには，差動相を増幅した電圧を出力として取り出さなければならない．すなわち，出力電圧 v_o は，

$$v_o = A_v(v_{i1} - v_{i2}) \tag{10.23}$$

とする必要がある．すなわち，入力電圧を増幅した 2 つの電圧の差に相当する電圧を出力としなければならない．

このように，2 つの電圧の差を 1 つの出力電圧として出力するために，カレントミラー回路が一般的に用いられている．図 **10.4** は，典型的なカレントミラー回路とそれを用いた単出力差動増幅回路の例である．

図 10.4(a) がカレントミラー回路の基本構造である．図では 2 つのトランジスタのベースとコレクタがそれぞれ同じ電位となるように接続されている．2 つのトランジスタの特性がまったく等しく，かつベース電流がコレクタ電流に比べて

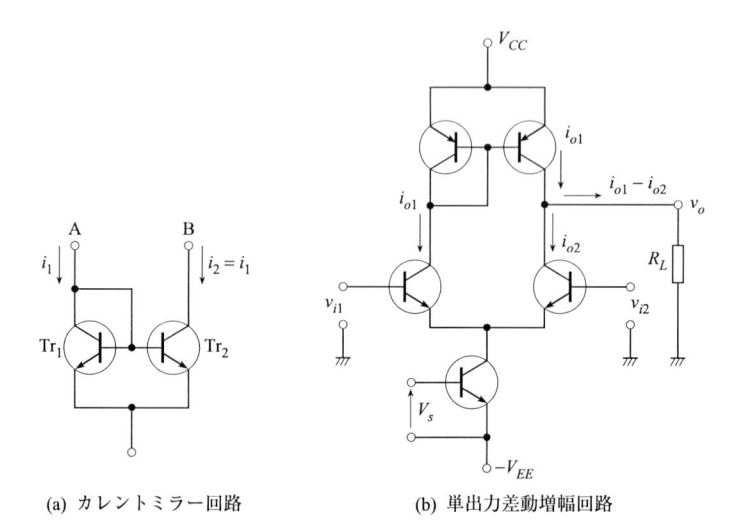

(a) カレントミラー回路　　　　(b) 単出力差動増幅回路

図 **10.4**　カレントミラー回路とそれを用いた単出力差動増幅回路

十分に小さいと考える．端子 A から Tr_1 に電流 i_1 を流し込むと，この電流はそのまま Tr_1 のコレクタに流れ込み（ベース電流は無視），Tr_1 のベース・エミッタ間電圧はコレクタに電流 i_1 を流すために必要な値となる．

Tr_2 のベースとエミッタが Tr_1 に直接接続されているため，Tr_2 のエミッタ・ベース間電圧は Tr_1 とまったく同じになるので Tr_2 にも Tr_1 と同じコレクタ電流が流れる．このため，端子 B から流入する電流は常に端子 A から流入する電流と等しくなる．このように，一方の端子から流入させた電流に対して，鏡に映したようにもう一方の端子に同じ電流が流れる回路であることから，図 10.4(a) の回路をカレントミラー回路という．

図 10.4(b) はカレントミラー回路を用いた単出力差動増幅回路の例であり，電流の向きの関係からカレントミラー回路には pnp トランジスタが用いられている．カレントミラー回路からトランジスタ Tr_2 のコレクタに向かって i_{o1} の電流が流出する．Tr_2 のコレクタ電流は i_{o2} であるから，この差に相当する $i_{o1} - i_{o2}$ の電流が出力端子に流出することになる．

図 10.1 と比較して考えると，

$$i_{o1} = \beta i_{i1} = \beta \frac{v_{i1} - v_x}{r_i}$$

$$i_{o2} = \beta i_{i2} = \beta \frac{v_{i2} - v_x}{r_i}$$

とみなすことができることがわかる．したがって，

$$i_{o1} - i_{o2} = \beta \frac{v_{i1} - v_{i2}}{r_i} \tag{10.24}$$

であり，

$$v_o = R_L(i_{o1} - i_{o2}) = \beta \frac{R_L}{r_i}(v_{i1} - v_{i2}) = A_v(v_{i1} - v_{i2}) \tag{10.25}$$

となり，入力電圧の差動相（$v_{i1} - v_{i2}$）が増幅された値が単一の出力電圧として現れる．

10.2 演算増幅器の基本動作

演算増幅器（operational amplifier，略してオペアンプまたは op アンプ）は高入力インピーダンス，高利得の作動増幅器である．非反転入力端子（v_+）と反転

入力端子（v_-）の電位の差（$v_+ - v_-$）が増幅されて出力端子に現れる．通常は出力の一部を反転入力端子に帰還して使用する．また，反転入力端子への帰還がない場合は，反転入力端子と非反転入力端子の電位により，出力が正負の飽和値となるため，電位の比較器（コンパレータ）として用いられる．

作動増幅回路が最も有効に使われている分野の1つが演算増幅器である．演算増幅器自体は，高利得・高入力インピーダンスの単出力差動増幅回路である．これに，適当な負帰還回路を設けることにより，様々な仕様の回路を構成できる．

10.2.1 差動増幅器の特性

演算増幅器や比較器は複雑な差動増幅回路で構成されているが，これらが集積回路技術により，1個の素子としてパッケージされているので，使用する場合には差動増幅回路の構成を意識することはない．通常，1個または数個の演算増幅器が1つのICパッケージに組み込まれている．

図 **10.5** に差動増幅器の記号と，特性を表す等価回路を示した．差動増幅器は図 10.5(a) のように，正負（+，−）の記号をつけた非反転入力端子（v_+）と反転入力端子（v_-）と出力端子（v_o）をもつ三角形の記号で表される．実際には，この他に正負の電源端子，アース端子などがあるが，これらは回路図上では省略される場合が多い．

差動増幅器は等価的に図 10.5(b) のように考えることができる．このとき，z_o が R_L 等に比べて十分に低ければ，

$$v_o \cong A_v(v_+ - v_-) \tag{10.26}$$

である．演算増幅器や比較器として用いる差動増幅器では，電圧増幅率 A_v がきわめて大きくなるように設計する．このため，非反転入力端子の電圧 v_+ と反転

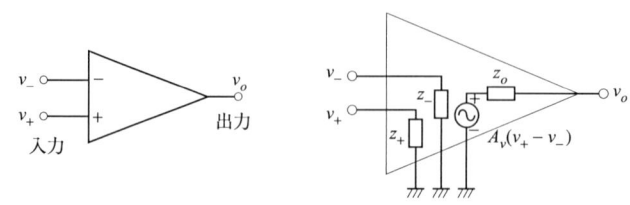

    (a) 演算増幅器を表す記号   (b) 差動増幅器の等価回路

図 **10.5**　差動増幅器の記号と等価回路

入力端子の電圧 v_- の値が少し異なるだけで出力電圧 v_o はきわめて大きな値となる[*1]．このことを利用して非反転入力端子と反転入力端子の電位を比較することができる．差動増幅器をこのように使う場合，これを比較器（コンパレータ）という．

10.2.2 演算増幅器を用いた増幅回路の基本動作

差動増幅回路を演算増幅器として用いる場合には，出力端子の電圧の一部を反転入力端子に帰還して使用する．このような使い方を図 **10.6** に示した．

演算増幅器の基本回路の特性は図 10.6(b) のように考えることができる．出力端子には，2 つの入力の差 $v_+ - v_-$ に比例した電圧 $A_v(v_+ - v_-)$ が現れる．演算増幅器の特徴は，この場合の入力インピーダンス（z_+, z_-）と電圧増幅率 A_v がきわめて大きく，ほぼ無限大とみなせることにある．

差動増幅器（演算増幅器）の入力と出力の関係は，

$$v_o \cong A_v(v_+ - v_-) \tag{10.27}$$

であるから，電圧増幅率 A_v が無限大で出力電圧 v_o が有限の値であれば，

$$v_+ - v_- \cong \frac{v_o}{A_v} = \frac{v_o}{\infty} \rightarrow 0$$
$$v_+ = v_- \tag{10.28}$$

となる．式 (10.28) の関係を仮想短絡（バーチャルショート，またはイマージナリーショート）という．出力電圧が意味のある値（すなわち，正負の電源電圧の範囲内）であれば，差動入力端子 v_+ と v_- の電位は等しいとみなすことができる．さらに，演算増幅器では入力インピーダンス（z_+, z_-）が無限大なので，入

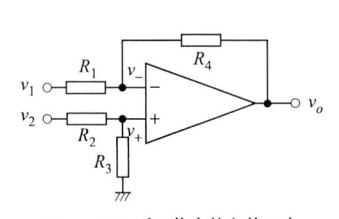

(a) op アンプの基本的な使い方　　(b) 等価回路を用いた表現

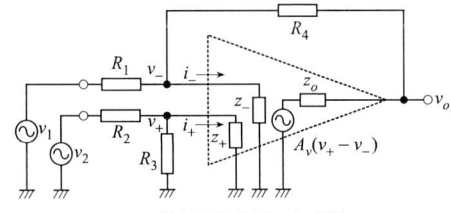

図 **10.6** 差動増幅器を演算増幅器として用いる場合の基本回路とその等価回路表現

[*1] 実際は正負の電源電圧の値より大きくなることはない．

力端子から差動増幅回路に流入する電流は無視できる程度に小さい．これが実際の短絡と仮想短絡の違いである．

演算増幅器を用いた回路では，出力の一部を入力の v_- 端子側に帰還（負帰還）させることにより，所定の特性を得る構成となっている．図 10.6(a) が差動増幅器を演算増幅器として使用する場合の最も基本的な回路構成である．

この回路について，入力電圧 v_1, v_2 と出力電圧 v_o の関係を求めるために，v_- 端子と v_+ 端子の位置で節点方程式をつくると，

$$\frac{v_1 - v_-}{R_1} + \frac{v_o - v_-}{R_4} + \frac{0 - v_-}{z_-} = 0 \tag{10.29}$$

$$\frac{v_2 - v_+}{R_2} + \frac{0 - v_+}{R_3} + \frac{0 - v_+}{z_+} = 0 \tag{10.30}$$

となる．

ここで，v_- 端子と v_+ 端子から演算増幅器に流入する電流をそれぞれ i_-, i_+ とすれば，入力インピーダンス z_-, z_+ がそれぞれ無限大とみなせるので，

$$i_- = \lim_{z_- \to \infty} \frac{0 - v_-}{z_-} = 0 \tag{10.31}$$

$$i_+ = \lim_{z_+ \to \infty} \frac{0 - v_+}{z_+} = 0 \tag{10.32}$$

となり，v_- 端子と v_+ 端子から演算増幅器に流入する電流は無視できる．したがって，

$$\frac{v_1 - v_-}{R_1} + \frac{v_o - v_-}{R_4} = 0 \tag{10.33}$$

$$\frac{v_2 - v_+}{R_2} + \frac{0 - v_+}{R_3} = 0 \tag{10.34}$$

である．また，仮想短絡により，$v_+ = v_-$ と考えることができる．

これらの式から $v_- = v_+$ を消去して，出力電圧 v_o を入力電圧 v_1 と v_2 で表せば，

$$v_o = \frac{R_3}{R_2 + R_3}\left(1 + \frac{R_4}{R_1}\right)v_2 - \frac{R_4}{R_1}v_1 \tag{10.35}$$

となる．この式が，演算増幅器を用いた基本回路の特性である．

演算増幅器を含む電子回路を解析するために節点法で回路方程式をつくる場合，出力端子（v_o 点）における方程式は通常省略する（演算増幅器の出力インピーダンス z_o がわからないので式をつくれない）．出力端子の方程式を省略すると，式

の数が未知数（仮定した節点電位数）よりも少なくなり，このままでは式を解くことができない．そこで，省略した式を補うために仮想短絡条件（$v_+ = v_-$）を用いる．これにより，未知数（仮定した節点電位数）と式の数が一致し，方程式を解くことが可能となる．

式 (10.35) において，回路の特性が抵抗によって決められており演算増幅器自体の特性が無関係となっていることが重要である．トランジスタや FET を用いた増幅回路では，その入力インピーダンスや増幅率などの素子特性が回路の特性に決定的な影響を与えるため，回路設計にはそれらを考慮しなければならない．また，一般にこれら半導体素子の特性は，温度などの影響を受けやすく，場合によっては温度補償が必要となる．これに対して，演算増幅器を用いた回路では，回路の特性が抵抗などの受動素子により決まるので，設計が容易であるだけでなく，温度などに対する安定性も，トランジスタや FET などの個別半導体素子を用いた回路に比べるとはるかに優れている．

ただし，このことが成立するのは，演算増幅器の増幅率と入力インピーダンスが無限に大きいとみなせる場合に限られる．一般に温度が高くなると入力インピーダンスは減少し，周波数が高くなると増幅率が低くなるので，使用条件，特に高周波数領域での使用には注意が必要である．

10.3　演算増幅器の応用

演算増幅器を用いることにより，様々な増幅回路がきわめて容易に設計・製作できる．

10.3.1　反転・非反転増幅回路

前節の図 10.6 の回路で，v_1 または v_2 の一方を接地すれば，通常の反転または非反転増幅回路となる．図 **10.7** はこのようにして構成した回路である．差動増幅器を演算増幅器として用いる場合には，必ず出力電圧の一部が反転入力に帰還（負帰還）されていなければならない．

図 10.7(a) の回路では，式 (10.35) で $v_2 = 0$ とすれば，

$$v_o = -\frac{R_4}{R_1}v_1 \tag{10.36}$$

(a) 反転増幅回路　　　　　(b) 非反転増幅回路

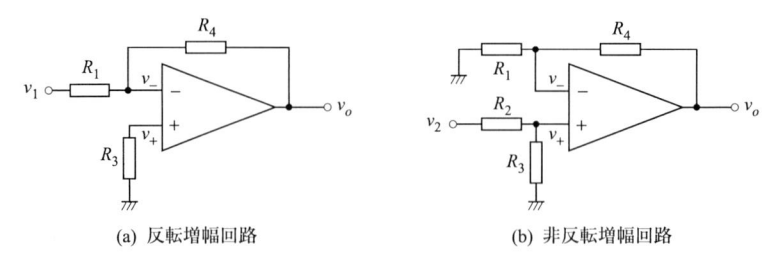

図 10.7　演算増幅器を用いた増幅回路

となる．このように，入力電圧 v_1 が逆位相となって増幅されることから，この回路を反転増幅回路という．式 (10.36) からわかるように，この回路では抵抗の比 R_4/R_1 を決めるだけで容易に任意の増幅率を実現できる．また，入力と出力が逆位相なので，増幅率を大きくした場合でも発振などの不安定現象が起こりにくいなどの優れた特徴をもっている．演算増幅器を用いた回路では，この図 10.7(a) の回路が最も重要な基礎的回路であり，様々に変形して使われている．

これに対して図 10.7(b) の回路では，式 (10.35) で $v_1 = 0$ とすることにより，

$$v_o = \frac{R_3}{R_2 + R_3}\left(1 + \frac{R_4}{R_1}\right)v_2 \tag{10.37}$$

となる．この式 (10.37) は式 (10.36) とは異なり，入力と出力が同位相であることがわかる．

この回路では，入力と出力の位相が同じであるため，なんらかの原因で出力の一部が入力に帰還されると容易に発振するので，増幅率を大きくする場合には注意が必要である．

10.3.2　演算増幅器を用いた各種応用回路

演算増幅器を用いると，所定の性能の増幅回路が容易に作製できるだけでなく，様々な機能をもたせることができる．図 10.8 は，代表的な応用例を示したものである．

図 10.8(a), (b) のようにキャパシタを用いると，入力信号の微分値や積分値を出力させることができる．

キャパシタの容量を C，電極間の電位差を v とすれば，蓄えられる電荷量 Q は $Q = Cv$ であるから，キャパシタに流れる電流 i は，

$$i = \frac{dQ}{dt} = C\frac{dv}{dt} \tag{10.38}$$

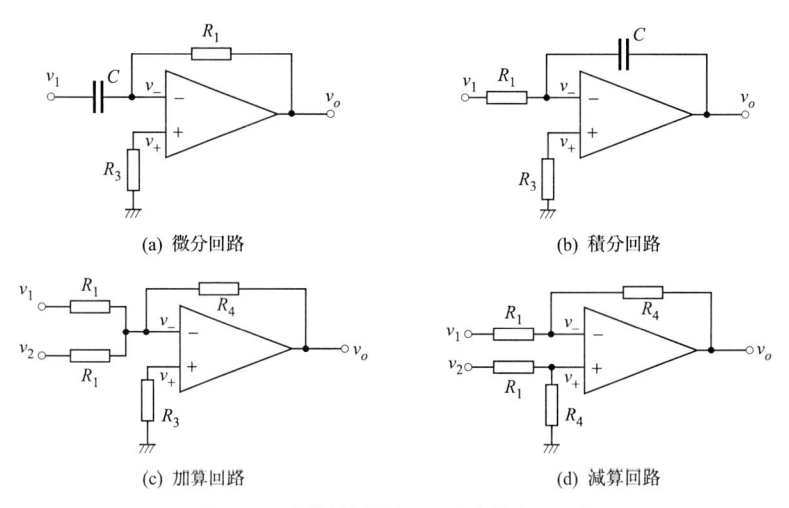

(a) 微分回路　(b) 積分回路　(c) 加算回路　(d) 減算回路

図 **10.8**　演算増幅器を用いた各種応用回路

である．このことを考慮して図 10.8(a) の場合について，v_- の節点の節点方程式をつくると，

$$C\frac{d(v_1 - v_-)}{dt} + \frac{v_o - v_-}{R_1} + (-i_-) = 0 \tag{10.39}$$

$$\frac{0 - v_+}{R_3} + (-i_+) = 0 \tag{10.40}$$

となる．

演算増幅器の入力インピーダンスは無限大であるとみなすことができるので，v_- 端子，v_+ 端子に流入する電流 i_-, i_+ は無視できる．したがって，式 (10.40) より，

$$\frac{0 - v_+}{R_3} + (-i_+) = \frac{-v_+}{R_3} = 0 \tag{10.41}$$

となるので，

$$v_+ = 0 \tag{10.42}$$

である．また，式 (10.39) は $i_- = 0$ とみなせるので，

$$C\frac{d(v_1 - v_-)}{dt} + \frac{v_o - v_-}{R_1} = 0 \tag{10.43}$$

となる．

演算増幅器が正常に動作していれば仮想短絡（バーチャルショート）の条件が

成立するので，$v_+ = v_-$ であり，したがって $v_- = 0$ となる．すなわち，

$$C\frac{d(v_1 - 0)}{dt} + \frac{v_o - 0}{R_1} = 0 \tag{10.44}$$

となるので，この式から v_o を v_1 で表せば，

$$v_o = -CR_1 \frac{dv_1}{dt} \tag{10.45}$$

となり，入力信号の微分値が出力として得られることがわかる．このことから，この回路を微分回路という．

また，図 10.8(b) の場合には，図 10.8(a) の回路の場合と同様に $i_- = 0$ を考慮して v_- 節点について節点方程式をつくると，

$$\frac{v_1 - v_-}{R_1} + C\frac{d(v_o - v_-)}{dt} = 0 \tag{10.46}$$

となる．ここで，図 10.8(a) の回路と同じように，仮想短絡条件から $v_+ = v_-$ であり，$i_+ = 0$ から $v_+ = 0$ となることを考慮すれば，

$$\frac{v_1 - 0}{R_1} + C\frac{d(v_o - 0)}{dt} = 0 \tag{10.47}$$

となるので，この式から v_o を v_1 で表すと，

$$v_o = -\frac{1}{CR_1}\int v_1 dt \tag{10.48}$$

となり，入力信号の積分値が出力として得られる．このことから，この回路を積分回路という．

図 10.8(c), (d) の回路は，加算回路と減算回路である．図 10.8(c) の回路で，v_- の節点について $i_- = 0$ を考慮して節点方程式をつくると，

$$\frac{v_1 - v_-}{R_1} + \frac{v_2 - v_-}{R_2} + \frac{v_o - v_-}{R_4} = 0 \tag{10.49}$$

となる．同様に $v_- = v_+ = 0$ であることを考慮してこの式から v_o を求めると，

$$v_0 = -\left(\frac{R_4}{R_1}v_1 + \frac{R_4}{R_2}v_2\right) \tag{10.50}$$

であり，$R_1 = R_2 = R_4$ ならば，$v_o = -(v_1 + v_2 + v_3)$ となり，入力の加算値が出力される．

また，図 10.8(d) の回路は，図 10.6 と同一の回路であり，入出力特性は式 (10.35) で表される．式 (10.35) で $R_1 = R_2 = R_3 = R_4 = R$ とすれば，

$$v_o = \frac{R_3}{R_2 + R_3}\left(1 + \frac{R_4}{R_1}\right)v_2 - \frac{R_4}{R_1}v_1$$
$$= \frac{R}{R + R}\left(1 + \frac{R}{R}\right)v_2 - \frac{R}{R}v_1 = v_2 - v_1 \qquad (10.51)$$

となり，減算が行われる．係数のついた加減算を行うには抵抗の値を適当に選べばよい．

このように，微積分や加減算などの演算を実現できることが，演算増幅器という名前の由来である．ただし線形受動素子（R, L, C）で構成できる演算は加減算と微積分に限られ，通常の演算増幅器を用いた回路では乗算（掛け算）や除算（割り算）は実現できない（特殊な非線形素子を用いて積などを実現する回路も考えられている．また，乗算を行うためのリニアICも市販されている）．

10.4 コンパレータ

演算増幅器を比較回路として用いることができる．コンパレータと呼ばれるリニアICは，とくにこのような用途を意識して作製された差動増幅回路である．

10.4.1 コンパレータの原理

帰還回路を設けずに高入力インピーダンス・高増幅率の差動増幅回路を使用すると，v_+ と v_- のごくわずかの差に対して出力は正の飽和値（電源電圧）から負の飽和値へと急激に変化する．このことを利用して2つの電位を比較することができる．このように，電圧の比較に用いる差動増幅器をコンパレータという．

図 10.9 はコンパレータの原理を示したものである．演算増幅器と同様に，入力インピーダンスと増幅率がきわめて大きい（無限大）差動増幅回路により構成

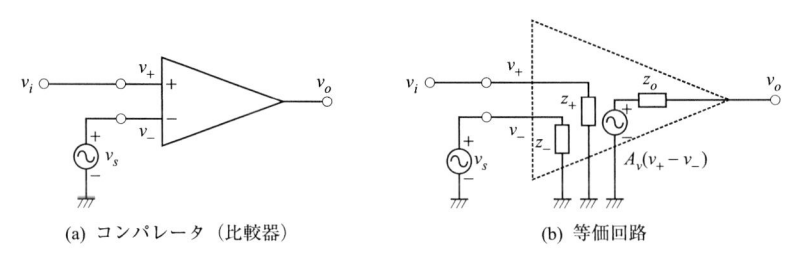

(a) コンパレータ（比較器）　　　　(b) 等価回路

図 10.9　コンパレータの原理

される.

演算増幅器の場合と同様に,入力インピーダンスがきわめて高いので,端子から差動増幅回路に流入する電流は無視できる.このとき,図 10.9 の回路では,

$$v_o = A_v(v_i - v_s) \tag{10.52}$$

であるから,$A_v \to \infty$ とすれば,

$$v_o = \lim_{A_v \to \infty} A_v(v_i - v_s) = \begin{cases} +\infty \text{ (正の飽和値 } +V_{CC}) & (v_i > v_s) \\ -\infty \text{ (負の飽和値 } -V_{CC}) & (v_i < v_s) \end{cases} \tag{10.53}$$

となる.このようにして,2つの入力の大小関係に応じた出力が得られる.基準となる電圧 v_s を非反転入力側に接続すれば,逆の極性の出力が得られる.

正の電源電圧を V_{CC},負の電源電圧を $-V_{CC}$,差動増幅器の増幅率を A_v とすれば,$A_v|v_i - v_s| < V_{CC}$ ならば,出力は飽和値とならない.したがって,このようなコンパレータの比較の限度は,

$$|v_i - v_s| > \frac{V_{CC}}{A_v} \tag{10.54}$$

であり,これよりも小さな差は検出されない.

10.4.2 コンパレータの応用

前述のように,コンパレータは比較する信号の大小により,正負 2 値が出力される IC であり,様々な分野で用いられている.この IC は入力インピーダンスが無限大とみなせるので,比較の対象となる電圧を示している回路の状態を乱さずに電圧の比較が可能であるという特徴をもっている.

コンパレータを用いると,単に電圧値の比較だけでなく,様々な機能を実現できる.演算増幅器と組み合わせて,種々の回路が考えられている.代表的な例を図 10.10 に示した.図 10.10(a) は矩形波発振回路である.v_o が正の場合はキャパシタ C の充電とともに $v_+ - v_-$ が負となるように v_- の電位が変化するので,一定時間後には v_o は負になる.また,v_o が負の場合には $v_+ - v_-$ が正となるように v_- の値が変化する.このため,v_o は正の飽和値と負の飽和値を交互に出力する.変化の速度(矩形波の周波数)は充電の時定数 CR_1 で決められる.

図 10.10(b) は直流入力電圧 V_i によって発振周波数を制御する,いわゆる電圧制御発振器(VCO, voltage controlled oscillator)である.直流電圧 V_i は演算増

(a) 矩形波発振回路 (b) 電圧制御発振回路

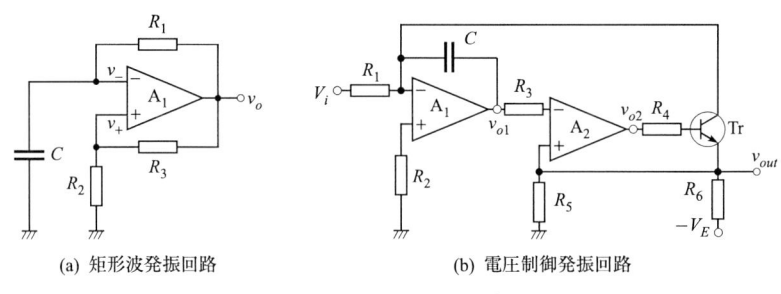

図 10.10 コンパレータの応用例

幅器 A_1 で構成される積分回路で積分され，時間に対して直線的に減少する波形が出力 v_{o1} に現れる．

コンパレータ A_2 の v_+ 端子は，電圧 V_E によって負の値となっている．A_2 の v_- 端子の電位が v_+ 端子よりも高い間は A_2 の出力 v_{o2} は負の値を取り，この間はトランジスタ Tr は遮断状態を保つ．このとき，出力 v_{out} は $-V_E$ と R_5, R_6 で決められる負の値を取る．

v_{o1} が減少（負に増加）して A_2 の v_- が v_+ よりも低電位となると，コンパレータ A_2 の出力 v_{o2} は瞬時に負の飽和値から正の飽和値に変化し，トランジスタ Tr は導通状態となる．このとき，出力電圧 v_{out}（すなわち A_2 の v_+）はトランジスタのエミッタ電流が R_5, R_6 に流れるので正の値となる．トランジスタ Tr が導通状態になると，大きなコレクタ電流が流れ，これによりキャパシタ C の電荷が放電されるため v_{o1} は上昇する．この状態は v_{o1} が十分大きくなり，A_2 の v_- が v_+ よりも高電位になるまで続く．

このように，2つの状態が交互に繰り返されるため，出力電圧 v_{out} は矩形波となる．その周波数は，キャパシタ C の充電速度で決まり，直流入力電圧 V_i によって充電電流（V_i/R_1），すなわち充電速度が決まるので，周波数を電圧値で制御できることになる．

これらのように，コンパレータと演算増幅器を組み合わせることにより，様々な機能を示す回路が容易に実現できる．

演 習 問 題

10.1 図 **10.11** の回路について，出力電圧 v_o を入力電圧 v_1, v_2 で表せ．ただし，ダ

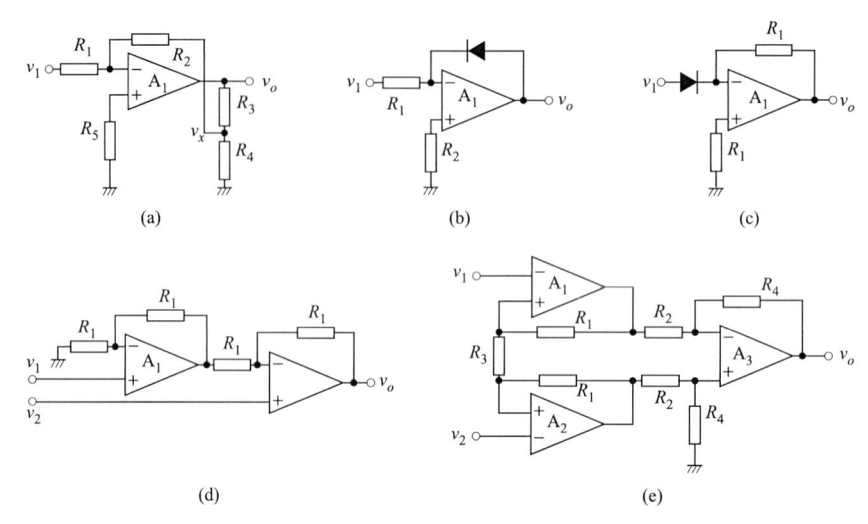

図 **10.11** 演算増幅器を用いた回路

イオードの順方向特性は近似的に $I = I_o \exp(qV/kT)$ とする.

10.2 図 10.10(a) の回路の発振周波数を以下の手順で求めよ．ただし，電源電圧を $\pm V_{CC}$ とする．

a) $t = 0$ で出力電圧が正の電源電圧 $v_o = +V_{CC}$, すなわち $v_- < v_+$ であったとする．このときの非反転入力端子の電位 v_+ を V_{CC} で表せ．

b) 反転入力端子の電位 v_- を時間の関数として示せ．ただし，$t = 0$ で $v_- = V_0$ とする．

c) この状態で時間が経過すると，非反転入力端子の電位は一定であるが反転入力端子の電位は次第に上昇する．$t = t_1$ で $v_- > v_+$ となったとすれば，$t = t_1$ における反転入力端子の電位 v_- を求めよ．

d) $t > t_1$ における非反転入力端子の電位 v_+ を求めよ．

e) $t > t_1$ における反転入力端子の電位 v_- を時間の関数として表せ．

f) $t > t_1$ では非反転入力端子の電位は次第に低下し，ある時点で $v_- < v_+$ となる．この時刻を t_2 とするとき，$t_2 - t_1$ を求めよ．

g) この回路の発振周期は $2(t_2 - t_1)$ と考えられる．このことから，この回路の発振周波数を求めよ．

付録 A：回転するベクトルという考え方

複素電圧・複素電流を考えるには，正弦波を回転するベクトルの一部としてとらえる方法が効果的である．

A.1　原点を中心に回転する複素数と三角関数の関係

三角関数 $\sin\theta$，$\cos\theta$ は直角三角形の斜辺と他の辺の長さの比で定義される．すなわち，原点 O (0,0) を始点とし，点 P(x,y) を終点とするベクトル $\boldsymbol{r}$ を考え，x 軸と $\boldsymbol{r}$ の角度を θ とすれば，

$$\cos\theta = \frac{x}{|\boldsymbol{r}|} = \frac{x}{\sqrt{x^2+y^2}}$$

$$\sin\theta = \frac{y}{|\boldsymbol{r}|} = \frac{y}{\sqrt{x^2+y^2}}$$

である．ベクトル $\boldsymbol{r}$ が決まれば $\sin\theta$ も $\cos\theta$ も決まることから，時間に対して正弦波状に変化する電流・電圧を回転するベクトルの y 成分と考え，複素数を用いて図 **A.1** のように表現する．

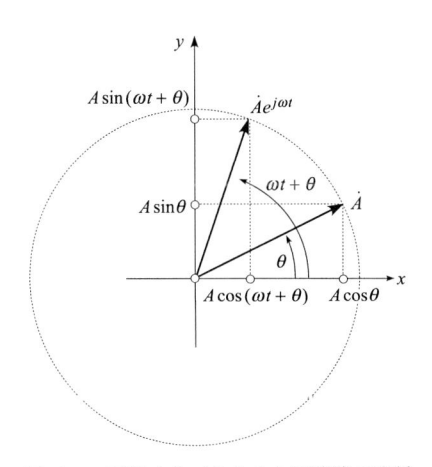

図 **A.1**　回転するベクトルと正弦波の関係

図 A.1 のように，大きさ A，x 軸との角度 θ のベクトル $\boldsymbol{A}$ を考える．このベクトルの x 成分を A_x，y 成分を A_y とすれば，

$$A_x = A\cos\theta \tag{A.1}$$
$$A_y = A\sin\theta \tag{A.2}$$

である．実数を x 軸に，虚数を y 軸に対応させることにより，2次元空間のベクトルを複素数で表現することができる．ベクトル $\boldsymbol{A}$ を表す複素数を $\dot{A}$ とすれば，

$$\dot{A} = A_x + jA_y = A\cos\theta + jA\sin\theta = A(\cos\theta + j\sin\theta) = Ae^{j\theta} \tag{A.3}$$

である．
このベクトルを，原点の周りに角速度 ω で回転させると，大きさは変わらず，x 軸との角度が $\omega t + \theta$ となるので，

$$\boldsymbol{A} = A_x \boldsymbol{i} + A_y \boldsymbol{j}$$
$$A_x = A\cos(\omega t + \theta) \tag{A.4}$$
$$A_y = A\sin(\omega t + \theta) \tag{A.5}$$

である．一方，これを複素数で表現すると，

$$\dot{A} = A\cos(\omega t + \theta) + jA\sin(\omega t + \theta)$$
$$= A\{\cos(\omega t + \theta) + jA\sin(\omega t + \theta)\} = Ae^{j(\omega t + \theta)} \tag{A.6}$$

となる．波形が正弦波に限定されており，角速度 ω が一定ならば，振幅 A と位相角 θ を決めれば波形が決定される．この意味で式 (A.5) と式 (A.6) は等価である．すなわち，正弦波 $A\sin(\omega t + \theta)$ を表現する方法として，

$$A\sin(\omega t + \theta) \iff Ae^{j(\omega t + \theta)}$$

という2つの等価な方法が存在する．このことを利用すると，正弦波交流の解析がきわめて容易に行える．

A.2 回転する複素数を用いた交流解析

第2章図2.1の場合と同じように電圧 $v(t) = V_m \sin(\omega t + \phi_1)$ が抵抗 R とインダクタンス L に直列に接続された回路を考える．この回路に流れる電流を $i(t) = I_m \sin(\omega t + \phi_2)$ とする．回路を解析するということは，V_m, ϕ_1 から I_m, ϕ_2（またはその逆）を求めることに他ならない．回路方程式は式 (2.20) と同じであり，

$$v(t) = Ri(t) + L\frac{di(t)}{dt} \tag{A.7}$$

そこで，それぞれに対応して，指数形式の複素数で表した電圧・電流を考える．すな

わち，

$$v(t) = V_m \sin(\omega t + \phi_1) \quad \longleftrightarrow \quad \dot{v}(t) = V_m e^{j(\omega t + \phi_1)} \tag{A.8}$$

$$i(t) = I_m \sin(\omega t + \phi_2) \quad \longleftrightarrow \quad \dot{i}(t) = I_m e^{j(\omega t + \phi_2)} \tag{A.9}$$

となる．これを式 (A.7) に用いて

$$V_m e^{j(\omega t + \phi_1)} = RI e^{j(\omega t + \phi_2)} + j\omega L I e^{j(\omega t + \phi_2)} \tag{A.10}$$

すなわち，

$$\begin{aligned}
V_m e^{j\phi_1} e^{j\omega t} &= (R + j\omega L)\, I_m e^{j\phi_2} e^{j\omega t} \\
&= \sqrt{R^2 + (\omega L)^2} \left\{ \frac{R}{\sqrt{R^2 + (\omega L)^2}} + j\frac{\omega L}{\sqrt{R^2 + (\omega L)^2}} \right\} I e^{j\phi_2} e^{j\omega t} \\
&= \sqrt{R^2 + (\omega L)^2} e^{j\theta} I_m e^{j\phi_2} e^{j\omega t} = \sqrt{R^2 + (\omega L)^2} I_m e^{j(\phi_2 + \theta)} e^{j\omega t}
\end{aligned} \tag{A.11}$$

となる．したがって，

$$V_m = \sqrt{R^2 + (\omega L)^2} I_m \tag{A.12}$$

$$\phi_1 = \phi_2 + \theta \tag{A.13}$$

となる．したがって，$i(t)$ は，

$$i(t) = I_m \sin(\omega t + \phi_2) = \frac{V_m}{\sqrt{R^2 + (\omega L)^2}} \sin(\omega t + \phi_1 - \theta) \tag{A.14}$$

となる．

　この方法は定常状態の正弦波に対してだけ有効である．数学的には微分方程式の特別解を求めている．

付録B：電力回路とエネルギー変換効率

　増幅回路では入力信号が振幅を増して出力されるが，エネルギーに着目すると電源のエネルギーが信号に変えられている．信号が小さい場合には回路のエネルギー変換効率は問題にされないが，最終的な出力部分などの大電力信号が扱われる部分では回路のエネルギー変換効率を考えに入れる必要がある．本章では大きな信号を扱う回路（電力増幅回路）とそのエネルギー変換効率について述べる．バイアス状態に着目して電力増幅回路を分類すると，常時電流が流れている A 級増幅回路と，信号が入力されたときにだけ電流が流れる B 級増幅回路，さらにある程度以上信号レベルが高くならないと電流が流れない C 級増幅回路などに分類される．

B.1　増幅回路のエネルギー変換効率

　電源電圧を V_{CC}，平均電源電流を I_{CC} とすれば，直流電源から回路に供給される電力 P_{dc} は，

$$P_{dc} = V_{CC} I_{CC} \tag{B.1}$$

である．出力（交流）電圧の振幅を V_o，出力電流（交流）の振幅を I_o とすれば，出力電圧 v_o，出力電流 i_o，電力 P_o はそれぞれ，

$$v_o(t) = V_o \sin(\omega t) \tag{B.2}$$

$$i_o(t) = I_o \sin(\omega t) \tag{B.3}$$

$$P_o = \frac{V_o}{\sqrt{2}} \frac{I_o}{\sqrt{2}} = \frac{V_o I_o}{2} \tag{B.4}$$

と表すことができる．
　増幅回路のエネルギー変換効率 η は，

$$\eta \equiv \frac{P_o}{P_{dc}} \tag{B.5}$$

と定義される．すなわち，エネルギー変換効率は電源から供給される電力に対する出力として負荷に伝えられる電力の割合である．
　このように，増幅回路は直流電源のエネルギーを出力信号のエネルギーに変換するエネルギー変換回路であるという考え方も可能である．直流電源から供給されるエネルギー

は，一部が出力信号として負荷に伝えられるが，残りは回路内で消費される．消費される電力を P_{loss} とすれば，

$$P_{loss} = P_{dc} - P_o = (1-\eta)P_{dc} = \left(\frac{1}{\eta} - 1\right)P_o \tag{B.6}$$

である．

回路内で消費されるエネルギー P_{loss} は，最終的には熱に変換され，素子の温度上昇を引き起こす．したがって，大きな信号を扱う場合には放熱について十分配慮しなければならない．熱として消費される電力には十分な注意が必要である．出力 30 W の電力増幅回路の効率が 50%（$\eta = 0.5$）とすれば，30 W の電力が熱として放出される．一般的なはんだごての消費電力が 30 W であることを考えると，この程度の電力が狭い範囲で消費されるとはんだを溶かす程度まで温度が上昇する危険があることになる．

B.2　A 級増幅回路とそのエネルギー変換効率

一般的な増幅回路では，あらかじめトランジスタ（または FET）に適当なバイアス電圧を加えておき，そのバイアス点を中心にして電圧や電流の変化分を増幅する．このように，信号が入力されなくとも常時バイアス電流が流れている増幅回路を A 級増幅回路という．

B.2.1　コレクタ抵抗を負荷とする A 級増幅回路の効率

最も簡単な電力増幅回路は，コレクタ抵抗を負荷に用いる回路である．この回路を負荷線とともに図 **B.1** に示した．

A 級増幅回路は，バイアス点を中心に動作する．したがって，回路に流れる直流電流 I_C は，負荷線の動作点から，

(a) R_C を負荷とする CR 結合増幅回路　　(b) R_E を無視した直流負荷線

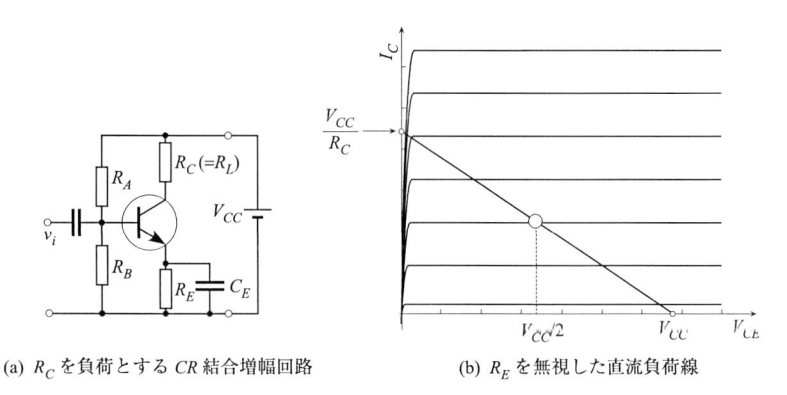

図 **B.1**　コレクタ抵抗を負荷とする A 級増幅回路と負荷特性

$$I_C = \frac{\frac{V_{CC}}{2}}{R_C} = \frac{V_{CC}}{2R_C} \tag{B.7}$$

である．ただし，ベースのバイアス抵抗 R_A, R_B を流れる電流はコレクタに流れるバイアス電流に比べ十分に小さいと考え無視した．また，エミッタ抵抗 R_E はコレクタ抵抗 R_C に比べ十分小さいと考え，同様に無視した．

直流電力 P_{dc} は，電源電圧とバイアス電流の積であり，

$$P_{dc} = V_{CC} I_C = \frac{V_{CC}^2}{2R_C} \tag{B.8}$$

交流信号電力についても同様に考えることができる．直流電力が一定なので，交流信号が大きいほど回路のエネルギー変換効率は高い．したがって，最大出力時を考える．出力電圧が歪まない状態で最大出力が得られているとき，コレクタ電圧 V_C は動作点を中心にして V_{CC} から 0 V の間の値を取るので，交流信号の振幅 V_s はこの半分の値となる．すなわち，

$$V_s = \frac{V_{CC}}{2} \tag{B.9}$$

である．交流電圧の実効値が $V_s/\sqrt{2}$ となることを考慮すれば，抵抗 R_C で消費される交流電力 P_{ac} は，

$$P_{ac} = \frac{\left(\frac{V_s}{\sqrt{2}}\right)^2}{R_C} = \frac{V_{CC}^2}{8R_C} \tag{B.10}$$

となる．

エネルギー変換効率 η は，直流電力に対する交流出力電力の比であるから，

$$\eta = \frac{P_{ac}}{P_{dc}} = \frac{1}{4} \quad (=25\%) \tag{B.11}$$

となる．

B.2.2　CR 結合 A 級増幅回路の効率

実際の CR 結合増幅回路は，コレクタから結合キャパシタを介して負荷抵抗に接続される．この回路を図 **B.2** に示した．出力信号として有効に用いられるのは負荷抵抗で消費される交流成分である．

交流信号に対しては，コレクタ抵抗 R_C と負荷抵抗 R_L の両方が負荷となる．したがって，信号成分に対する負荷の値はこの 2 つの抵抗を並列接続した抵抗値となる．このため，交流信号に対する負荷特性の傾きは直流負荷線よりも大きい．

無入力時のコレクタ電圧・電流はバイアス点の値であり，これを中心に交流信号に従って電流・電圧が変化する．したがって，動作点は直流負荷線上に存在しなければならない．また，この点を中心に交流信号が加えられることになる．

無歪みで最大振幅を得るには，バイアス点が交流負荷線の中心と交わる必要がある．

B.2 A級増幅回路とそのエネルギー変換効率

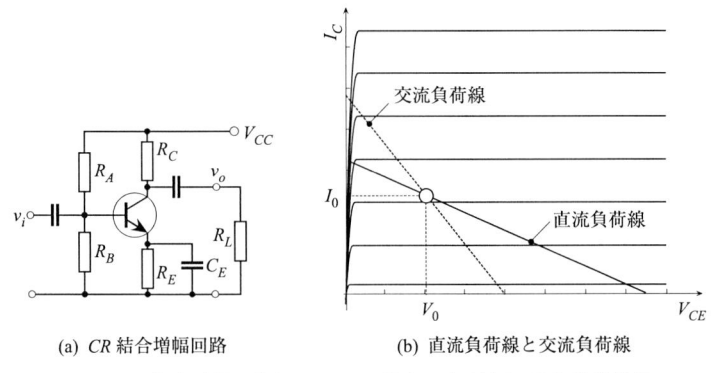

(a) CR結合増幅回路

(b) 直流負荷線と交流負荷線

図 B.2 負荷抵抗を接続した CR 結合 A 級増幅回路と負荷特性

交流負荷線上で考えるとバイアス点は電流軸との交点と電圧軸との交点との中点に位置していなければならない.

動作点と負荷が図 B.2 のようになっている場合,直流電力 P_{dc} は動作点の電流を I_0 とすれば,

$$P_{dc} = V_{CC} I_0 \tag{B.12}$$

である.

一方,交流信号の最大電圧振幅は V_0 であり,最大電流振幅は I_0 であるから,コレクタ抵抗 R_C と負荷抵抗 R_L で消費される最大振幅時の信号電力の合計 P_{all} は,

$$P_{all} = \frac{V_0}{\sqrt{2}} \frac{I_0}{\sqrt{2}} = \frac{V_0 I_0}{2} \tag{B.13}$$

である.このとき,信号電力はコレクタ抵抗 R_C と負荷抵抗 R_L の両方で消費されている.このうち,負荷抵抗で消費されている電力が実際の出力電力 P_{ac} となる.結合キャパシタのインピーダンスが無視できる場合,両方の抵抗には同じ信号電圧が加えられているので,電力比は電流の比すなわち抵抗の逆数の比となる.したがって,

$$P_{ac} = \frac{\frac{1}{R_L}}{\frac{1}{R_L} + \frac{1}{R_C}} P_{all} = \frac{1}{1 + \frac{R_L}{R_C}} P_{all} \tag{B.14}$$

となる.

直流負荷線は点 (V_0, I_0) を通り,傾きが $-1/R_C$ の直線であるから,

$$I_C - I_0 = -\frac{1}{R_C}(V_{CE} - V_0) \tag{B.15}$$

であり,これを用いて V_{CC} を V_0, I_0 で表せば,

$$V_{CC} = V_0 + R_C I_0 \tag{B.16}$$

となる．したがって，直流電力 P_{dc} は，

$$P_{dc} = V_{CC}I_0 = (V_0 + R_C I_0)I_0 \tag{B.17}$$

エネルギー変換効率は，

$$\frac{P_{ac}}{P_{dc}} = \frac{P_{all}}{P_{dc}}\frac{1}{1+\dfrac{R_L}{R_C}} = \frac{\dfrac{V_0 I_0}{2}}{I_0(V_0+R_C I_0)}\frac{1}{1+\dfrac{R_L}{R_C}} \tag{B.18}$$

となる．

さらに，交流負荷線は点 (V_0, I_0) を通り，傾きが $-(1/R_C + 1/R_L)$ の直線であるから，

$$I_C - I_0 = -\left(\frac{1}{R_C} + \frac{1}{R_L}\right)(V_{CE} - V_0) \tag{B.19}$$

である．最大出力条件から，電圧軸との交点が $(2V_0, 0)$，電流軸との交点が $(0, 2I_0)$ であることを考えると，

$$\frac{I_0}{V_0} = \frac{1}{R_C} + \frac{1}{R_L} \tag{B.20}$$

となる．

エネルギー変換効率は，

$$\frac{P_{ac}}{P_{dc}} = \frac{1}{2}\frac{1}{1+R_C\dfrac{I_0}{V_0}}\frac{1}{1+\dfrac{R_L}{R_C}} = \frac{1}{2}\frac{1}{2+\dfrac{R_C}{R_L}}\frac{1}{1+\dfrac{R_L}{R_C}} \tag{B.21}$$

となる．コレクタ抵抗をそのまま負荷として用いた場合に比べると，動作点が大電流側に動いたこと，負荷抵抗が接続されたことによりエネルギー変換効率が低くなっている．

B.3 トランス結合 B 級増幅回路の効率

A 級増幅回路では，入力信号の有無に関係なく常にバイアス電流が流れている．大電力を出力する場合にはバイアス電流の値も大きくなり，発熱など種々の問題が生じる．そこで，無入力時には電流が流れず，信号が入った場合だけ電流が流れる回路が考案された．最も基本的な方式は，バイアス点を電流が流れる直前の値に設定する B 級増幅と呼ばれる方式である．図 **B.3** に基本的原理を示した．

Tr_1 には入力電流 i_B の位相を反転させて加えている．電流が負の部分すなわちベース接合が逆方向となる向きには電流が流れないので，破線で表している．トランジスタには，それぞれ交互に半サイクルごとにコレクタ電流が流れる．トランスを介して，2 つのコレクタ電流がそれぞれ逆向きになるよう負荷に接続すれば，負荷には入力に比例した電流が流れる．

この方式では，入力がない場合にはコレクタ電流が流れないため，A 級増幅回路よりも高いエネルギー変換効率が得られる．電流が流れる半サイクルについて直流電力と交

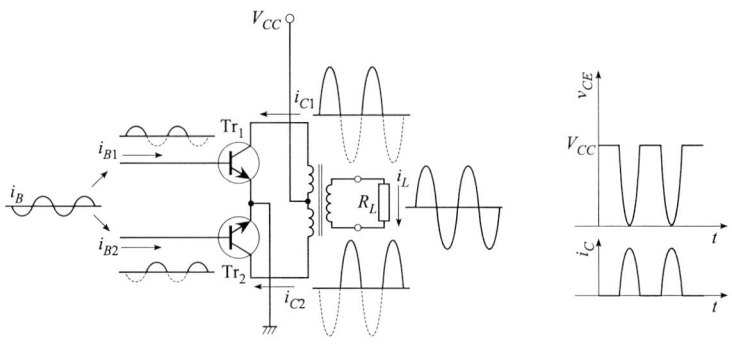

B.3 トランス結合 B 級増幅回路の効率

(a) 出力トランスを用いた B 級増幅回路と各部の電流波形

(b) 最大無歪出力時のコレクタ電圧とコレクタ電流

図 **B.3** 出力トランスを用いた B 級増幅回路

流電力を計算することによって，エネルギー変換効率を求めることができる．

コレクタ端子から出力トランスを介して負荷側をみた抵抗値を R_{CL} とすれば，

$$R_{CL} = \frac{n_1^2}{n_2^2} R_L \tag{B.22}$$

である．ただし，n_1, n_2 はそれぞれ出力トランスのコレクタ側の巻数と負荷側の巻数であり，出力トランスは理想トランスとする．

図 B.3(b) から，最大無歪出力時には，コレクタ端に現れる交流信号電圧の振幅は V_{CC} となることがわかる．コレクタ回路の電流と電圧の関係は，抵抗 R_{CL} で決められるので，最大無歪出力時には，

$$i_C(t) = \frac{V_{CC}}{R_{CL}} \sin \omega t \qquad (0 \leq \omega t < \pi) \tag{B.23}$$

となる．

電流が流れている半サイクルにおける直流電流成分 I_{dc} は，

$$I_{dc} = \frac{1}{\frac{\pi}{\omega}} \int_0^{\frac{\pi}{\omega}} \frac{V_{CC}}{R_{CL}} \sin \omega t\, dt = \frac{2}{\pi} \frac{V_{CC}}{R_{CL}} \tag{B.24}$$

となり，直流電力 P_{dc} は，

$$P_{dc} = V_{CC} I_{dc} = \frac{2}{\pi} \frac{V_{CC}^2}{R_{CL}} \tag{B.25}$$

となる．

交流信号の電力 P_{ac} は，

$$P_{ac} = \frac{1}{\frac{\pi}{\omega}} \int_0^{\frac{\pi}{\omega}} R_{CL} i_C^2(t)\, dt = \frac{\omega}{\pi} R_{CL} \frac{V_{CC}^2}{R_{CL}^2} \int_0^{\frac{\pi}{\omega}} \sin^2 \omega t\, dt = \frac{V_{CC}^2}{2R_{CL}} \tag{B.26}$$

となる．

エネルギー変換効率 η は，

$$\eta = \frac{P_{ac}}{P_{dc}} = \frac{\dfrac{V_{CC}^2}{2R_{CL}}}{\dfrac{2}{\pi}\dfrac{V_{CC}^2}{R_{CL}}} = \frac{\pi}{4} \tag{B.27}$$

となり，A 級増幅回路よりもはるかに高効率であることがわかる．

B.4　高周波電力増幅回路の効率

　高周波回路では共振回路を負荷とすることにより 1 つのトランジスタで B 級（または C 級，D 級）増幅を行う．図 **B.4** は，共振回路を負荷とした，高周波電力増幅回路の原理を示したものである．

(a) 高周波 B 級増幅回路　　(b) 共振周波数に対する最大無歪出力時のコレクタ電圧とコレクタ電流

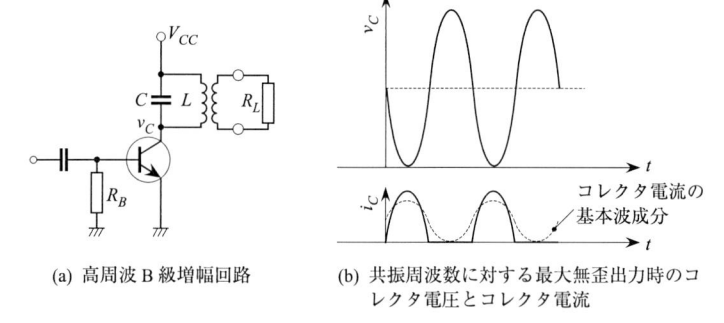

図 **B.4**　高周波 B 級増幅回路の基本原理

　トランジスタが遮断状態のときコレクタ電圧には共振回路に流れる電流のため最大で $2V_{CC}$ の電圧が現れる．コレクタ電流は遮断状態なので流れない．このため，コレクタ電流の波形は半波の正弦波となる．コレクタからみた負荷は，共振状態にある場合は純抵抗となる．
　電流波形をフーリエ級数に展開して，直流成分 I_{dc} と基本波成分の振幅 I_1 を求めると，

$$I_{dc} = \frac{1}{\pi} I_C \tag{B.28}$$

$$I_1 = \frac{1}{2} I_C \tag{B.29}$$

となる．ただし，I_C はコレクタ電流波形の最大値である．これを用いると，直流電力 P_{dc} は，

$$P_{dc} = V_{CC} I_{dc} = \frac{V_{CC} I_C}{\pi} \tag{B.30}$$

となり，基本波交流電力 P_1 は，電圧振幅が V_{CC}，電流振幅が $I_1 = I_C/2$ であるから，

$$P_1 = \frac{V_{CC}}{\sqrt{2}} \frac{I_1}{\sqrt{2}} = \frac{V_{CC} I_C}{4} \tag{B.31}$$

である．したがって，エネルギー変換効率 η は，

$$\eta = \frac{P_1}{P_{dc}} = \frac{\dfrac{V_{CC} I_C}{4}}{\dfrac{V_{CC} I_C}{\pi}} = \frac{\pi}{4} \tag{B.32}$$

となり，トランス結合 B 級増幅回路の場合と等しい．

　高周波電力増幅回路では，インピーダンス整合を十分に考慮する必要がある．高周波電力増幅回路の設計は，結合回路の設計であるといっても過言ではないほど，高周波回路におけるインピーダンス整合は重要である．

演習問題略解

【第 1 章】

1.1 a) $\dfrac{0-(v_A-v_a)}{R_1}+\dfrac{(0+v_b)-v_A}{R_2}+\dfrac{0-v_A}{R_3}=0$

b) $v_A=\dfrac{\dfrac{v_a}{R_1}+\dfrac{v_b}{R_2}}{\dfrac{1}{R_1}+\dfrac{1}{R_2}+\dfrac{1}{R_3}}$

c) $i_1=\dfrac{v_A-v_a}{R_1}=\dfrac{1}{R_1}\dfrac{\dfrac{v_b}{R_2}-\left(\dfrac{1}{R_2}+\dfrac{1}{R_3}\right)v_a}{\dfrac{1}{R_1}+\dfrac{1}{R_2}+\dfrac{1}{R_3}}$

d) $i_1=i_1|_{v_b=0}+i_1|_{v_a=0}$

$=\dfrac{-v_a}{R_1+\dfrac{1}{\dfrac{1}{R_2}+\dfrac{1}{R_3}}}+\dfrac{v_b}{R_2+\dfrac{1}{\dfrac{1}{R_1}+\dfrac{1}{R_3}}}\dfrac{R_3}{R_1+R_3}$

$=\dfrac{-\left(\dfrac{1}{R_2}+\dfrac{1}{R_3}\right)\dfrac{v_a}{R_1}}{\dfrac{1}{R_1}+\dfrac{1}{R_2}+\dfrac{1}{R_3}}+\dfrac{\dfrac{v_b}{R_2 R_1}}{\dfrac{1}{R_1}+\dfrac{1}{R_2}+\dfrac{1}{R_3}}$

1.2 (b) の回路で独立した節点の電位を左から順に v_x, v_y, v_z と置くと,

$\dfrac{(0+v_2)-v_x}{R_5}+\dfrac{v_y-v_x}{R_2}+\dfrac{(v_z+v_1)-v_x}{R_1}=0$

$\dfrac{v_x-v_y}{R_2}+\dfrac{(0-v_3)-v_y}{R_3}+\dfrac{v_z-v_y}{R_4}=0$

$\dfrac{v_y-v_z}{R_4}+\dfrac{0-v_z}{R_6}+\dfrac{v_x-(v_z+v_1)}{R_1}=0$

これを整理して

$-\left(\dfrac{1}{R_5}+\dfrac{1}{R_2}+\dfrac{1}{R_1}\right)v_x+\dfrac{1}{R_2}v_y+\dfrac{1}{R_1}v_z=-\dfrac{v_2}{R_5}-\dfrac{v_1}{R_1}$

$$\frac{1}{R_2}v_x - \left(\frac{1}{R_2} + \frac{1}{R_3} + \frac{1}{R_4}\right)v_y + \frac{1}{R_4}v_x = \frac{v_3}{R_3}$$

$$\frac{1}{R_1}v_x + \frac{1}{R_4}v_y - \left(\frac{1}{R_3} + \frac{1}{R_4} + \frac{1}{R_5}\right)v_z = -\frac{v_1}{R_1}$$

これらの式からクラーメルの公式により

$$v_x = \frac{\begin{vmatrix} -\dfrac{1}{R_5}v_2 - \dfrac{1}{R_1}v_1 & \dfrac{1}{R_2} & \dfrac{1}{R_1} \\ \dfrac{1}{R_3}v_3 & -\left(\dfrac{1}{R_2}+\dfrac{1}{R_3}+\dfrac{1}{R_4}\right) & \dfrac{1}{R_4} \\ -\dfrac{1}{R_1}v_1 & -\left(\dfrac{1}{R_3}+\dfrac{1}{R_4}+\dfrac{1}{R_5}\right) & \end{vmatrix}}{\begin{vmatrix} -\left(\dfrac{1}{R_5}+\dfrac{1}{R_2}+\dfrac{1}{R_1}\right) & \dfrac{1}{R_2} & \dfrac{1}{R_1} \\ \dfrac{1}{R_2} & -\left(\dfrac{1}{R_2}+\dfrac{1}{R_3}+\dfrac{1}{R_4}\right) & \dfrac{1}{R_4} \\ \dfrac{1}{R_1} & \dfrac{1}{R_4} & -\left(\dfrac{1}{R_3}+\dfrac{1}{R_4}+\dfrac{1}{R_5}\right) \end{vmatrix}}$$

同様にして v_y, v_z が得られる(省略).

(c) から (f) はよくみると同じ回路であり,独立した節点の電位を左から順に v_x, v_y と置くと,

$$\frac{0-(v_x-v_1)}{R_2} + \frac{0-v_x}{R_1} + \frac{v_y-v_x}{R_3} + i_1 = 0$$

$$\frac{v_x-v_y}{R_3} + \frac{0-(v_y-v_2)}{R_5} + \frac{0-v_y}{R_4} - i_1 = 0$$

これを整理して,

$$-\left(\frac{1}{R_1}+\frac{1}{R_2}+\frac{1}{R_2}+\frac{1}{R_3}\right)v_x + \frac{1}{R_3}v_y = -\frac{v_1}{R_2} - i_1$$

$$\frac{1}{R_3}v_x - \left(\frac{1}{R_3}+\frac{1}{R_4}+\frac{1}{R_5}\right)v_y = -\frac{v_2}{R_5} + i_1$$

これらの式からクラーメルの公式により v_x, v_y が得られる(省略).

電流値は,

$$i_3 = \frac{v_y - v_3}{R_3} \quad \cdots \quad \text{(b)}$$

$$i_3 = \frac{v_x - v_y}{R_3} \quad \cdots \quad \text{(c)}\sim\text{(f)}$$

【第 2 章】

2.1 (1) $\dot{V}_a = -2 + j5 = \sqrt{2^2+5^2}\left(\dfrac{-2}{\sqrt{2^2+5^2}} + j\dfrac{5}{\sqrt{2^2+5^2}}\right) = \sqrt{2^2+5^2}e^{j\delta_1}$

$\cos\delta_1 = \dfrac{-2}{\sqrt{2^2+5^2}}, \quad \sin\delta_1 = \dfrac{5}{\sqrt{2^2+5^2}}, \quad \delta_1 = 1.97$ rad

$$v_a(t) = \sqrt{2}\sqrt{2^2+5^2}\sin(\omega t+\delta_1) = 7.6\sin(\omega t+1.95)\ [\text{V}]$$

(2) $\dot{I}_b = 3 - j2 = \sqrt{3^2+2^2}\left(\dfrac{3}{\sqrt{3^2+2^2}} - j\dfrac{2}{\sqrt{3^2+2^2}}\right) = \sqrt{3^2+2^2}e^{j\delta_2}$

$\cos\delta_2 = \dfrac{3}{\sqrt{3^2+2^2}},\quad \sin\delta_2 = \dfrac{-2}{\sqrt{3^2+2^2}},\quad \delta_2 = -0.59\ \text{rad}$

$i_b(t) = \sqrt{2}\sqrt{3^2+2^2}\sin(\omega t+\delta_2) = 5.1\sin(\omega t-0.59)\ [\text{mA}]$

(3) $v_1(t) = 10\sin(\omega t+1.05)$

$\dot{V}_1 = \dfrac{10}{\sqrt{2}}(\cos 1.05 + j\sin 1.05) = 3.5 + j6.1\ [\text{V}]$

(4) $i_1(t) = 14.14\cos(\omega t+0.785) = 14.14\sin\left(\omega t+\dfrac{\pi}{2}+0.785\right)$

$\dot{I}_1 = \dfrac{14.14}{\sqrt{2}}\left\{\cos\left(\dfrac{\pi}{2}+0.785\right) + j\sin\left(\dfrac{\pi}{2}+0.785\right)\right\}$

$= -7.07 + j7.07\ [\text{mA}]$

2.2 a) $I = \dfrac{V_2}{2R},\quad V_A = \dfrac{1}{2}V_2$

b) $\dot{Z} = \dfrac{R}{2} - j\dfrac{1}{\omega C} = \sqrt{\left(\dfrac{R}{2}\right)^2 + \left(\dfrac{1}{\omega C}\right)^2}\,e^{j\delta} = |\dot{Z}|e^{j\delta}$

$\cos\delta = \dfrac{\dfrac{R}{2}}{\sqrt{\left(\dfrac{R}{2}\right)^2+\left(\dfrac{1}{\omega C}\right)^2}},\quad \sin\delta = -\dfrac{\dfrac{1}{\omega C}}{\sqrt{\left(\dfrac{R}{2}\right)^2+\left(\dfrac{1}{\omega C}\right)^2}}$

$\dot{I} = \dfrac{\dot{V}_1}{\dot{Z}} = \dfrac{\dfrac{V_m}{\sqrt{2}}}{|\dot{Z}|e^{j\delta}} = \dfrac{V_m}{\sqrt{2}\sqrt{\left(\dfrac{R}{2}\right)^2+\left(\dfrac{1}{\omega C}\right)^2}}e^{-j\delta}$

$\dot{V}_A = \dfrac{R}{2}\dot{I} = \dfrac{R}{2}\dfrac{V_m}{\sqrt{2}\sqrt{\left(\dfrac{R}{2}\right)^2+\left(\dfrac{1}{\omega C}\right)^2}}e^{-j\delta}$

c) $i(t) = \sqrt{2}|\dot{I}|\sin(\omega t-\delta) = \dfrac{V_m}{|\dot{Z}|}\sin(\omega t-\delta)$

$= 39\sin(\omega t+0.672)\ [\text{mA}]$

$\delta = -0.672\ [\text{rad}]$

$v_A(t) = \dfrac{R}{2}i(t) = 3.9\sin(\omega t+0.672)\ [\text{V}]$

d) $v_A(t) =$ (直流電位) $+$ (交流電位) $= 6 + 3.9\sin(\omega t + 0.672)$ [V]

【第 3 章】

3.1 a) $i_1 + \dfrac{0 - v_x}{R_b} + \dfrac{v_2 - v_x}{R_a} = 0$

b)
$$v_x = \dfrac{i_1 + \dfrac{v_2}{R_a}}{\dfrac{1}{R_a} + \dfrac{1}{R_b}} = \dfrac{R_b}{R_a + R_b}(R_a i_1 + v_2)$$

$$v_1 = v_x + R_a i_1 = \left(R_a + \dfrac{R_a R_b}{R_a + R_b}\right)i_1 + \dfrac{R_b}{R_a + R_b}v_2$$

$$= h_{11}i_1 + h_{12}v_2$$

$$i_2 = \dfrac{v_2 - v_x}{R_a} = -\dfrac{R_b}{R_a + R_b}i_1 + \dfrac{1}{R_a + R_b}v_2 = h_{21}i_1 + h_{22}v_2$$

3.2 $v_1 = r_i i_1 = h_{11}i_i + h_{12}v_2 \qquad (h_{12} = 0)$

$i_2 = \beta i_B + \dfrac{v_2}{r_o} = \beta i_1 + \dfrac{1}{r_o}v_2 = h_{21}i_1 + h_{22}v_2$

3.3 a) $i_1 + \dfrac{0 - v_x}{r_E} + \dfrac{v_2 - v_x}{r_C} + \alpha i_B = 0$

$i_B = \dfrac{v_x}{r_E}$

b) $v_x = \dfrac{r_E r_C i_1 + r_E v_2}{(1 - \alpha)r_C + r_E}$

$$v_1 = r_B i_1 + v_x = \left(r_B + \dfrac{r_E r_C}{(1-\alpha)r_C + r_E}\right)i_1 + \dfrac{r_E}{(1-\alpha)r_C + r_E}v_2$$

$$= h_{11}i_1 + h_{12}v_2$$

$$i_2 = \alpha i_E + \dfrac{v_2 - v_x}{r_C} = \dfrac{\alpha r_C - r_E}{(1-\alpha)r_C + r_E}i_1 + \dfrac{1}{(1-\alpha)r_C + r_E}v_2$$

$$= h_{21}i_1 + h_{22}v_2$$

3.4 (a) の回路

$i_1 = \dfrac{v_1}{R_A} + \dfrac{v_1}{r_B} = \left(\dfrac{1}{R_A} + \dfrac{1}{r_B}\right)v_1 = y_{11}v_1 + y_{12}v_2$

$i_2 = \beta i_B + \dfrac{v_2}{R_o} = \dfrac{\beta}{r_B}v_1 + \dfrac{1}{R_o}v_2 = y_{21}v_1 + y_{22}v_2$

$i_B = \dfrac{v_1}{r_B} \qquad (y_{12} = 0)$

(b) の回路

$i_1 = \dfrac{v_1}{R_A} + \dfrac{v_1 - v_2}{r_B} = \left(\dfrac{1}{R_A} + \dfrac{1}{r_B}\right)v_1 - \dfrac{1}{r_B}v_2 = y_{11}v_1 + y_{12v_2}$

$$i_2 = \frac{v_2 - v_1}{r_B} - \beta i_B + \frac{v_2}{R_o} = -\frac{1+\beta}{r_B}v_1 + \left(\frac{1+\beta}{r_B} + \frac{1}{R_o}\right)v_2$$
$$= y_{21}v_1 + y_{22}v_2$$
$$i_B = \frac{v_1 - v_2}{r_B}$$

(c) の回路

$$i_1 = \frac{v_1}{+} \frac{v_1 - v_2}{r_o} - \beta i_B = \left(\frac{1+\beta}{r_B} + \frac{1}{r_o}\right)v_1 - \frac{1}{r_o}v_2 = y_{11}v_1 + y_{12}v_2$$
$$i_2 = \frac{v_2}{R_o} + \frac{v_2 - v_1}{r_o} + \beta i_B = -\left(\frac{\beta}{r_B} + \frac{1}{r_o}\right)v_1 + \left(\frac{1}{R_o} + \frac{1}{r_o}\right)v_2$$
$$= y_{21}v_1 + y_{22}v_2$$
$$i_B = -\frac{v_1}{r_B}$$

3.5
$$y_L = \frac{1}{R_L}$$
$$A_v = -\frac{y_{21}}{y_{22} + y_L}$$

より, (a) の回路の電圧増幅率は,

$$A_v = -\frac{y_{21}}{y_{22} + y_L} = -\frac{\dfrac{\beta}{r_B}}{\dfrac{1}{R_o} + \dfrac{1}{R_L}}$$

同様にして (b) の回路では,

$$A_v = \frac{\dfrac{1+\beta}{r_B}}{\dfrac{1+\beta}{r_B} + \dfrac{1}{R_o} + \dfrac{1}{R_L}} \quad (<1)$$

(c) の回路では,

$$A_v = \frac{\dfrac{\beta}{r_B} + \dfrac{1}{r_o}}{\dfrac{1}{R_o} + \dfrac{1}{r_o} + \dfrac{1}{R_L}}$$

【第4章】

4.1 a) $T = 300$ K, $k = 1.381 \times 10^{-23}$ J/K, $q = 1.602 \times 10^{-19}$ C より,

$$I_C = \alpha I_E - I_{Cd0}\left(e^{-38.67 V_{CB}} - 1\right)$$
$$I_E = I_{Ed0}\left(e^{-38.67 V_{EB}} - 1\right)$$

となり, これに $I_{Ed0} = 2 \times 10^{-6}$ A, $I_{Cd0} = 1 \times 10^{-7}$ A, $\alpha = 0.99$ を用いて, V_{CB} を $-0.5 \sim 2$ V までの間で I_E を 0 から 100 mA まで変化させて I_C を計算

すると，下図のベース接地の特性となる．
　b) 電圧軸が V_{CE} となるので，
$$V_{CE} = V_{CB} - V_{EB}$$
$$V_{EB} = -2.58 \times 10^{-2} \ln\left(\frac{I_E}{I_{Ed0}} + 1\right)$$
$$I_B = I_E - I_C$$
より，ベース接地の特性に対して横軸を V_{EB} だけ平行移動すると，下図のようにエミッタ接地の特性が得られる．

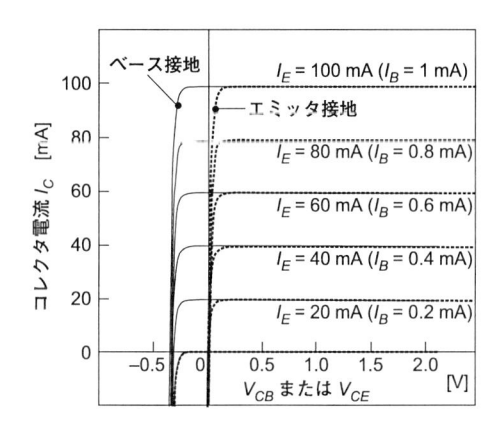

4.2 (a) の回路は，
$$v_1 = \left(r_B + \frac{r_E r_C}{(1-\alpha)r_C + r_E}\right)i_1 + \frac{r_E}{(1-\alpha)r_C + r_E}v_2$$
$$i_2 = \frac{\alpha r_C - r_E}{(1-\alpha)r_C + r_E}i_1 + \frac{1}{(1-\alpha)r_C + r_E}v_2$$

(b) の回路は，
$$v_1 = \left(r_B + \frac{(1+\beta)r_E r_p}{r_E + r_p}\right)i_1 + \frac{r_E}{r_E + r_p}v_2$$
$$i_2 = \frac{\beta r_p - r_E}{r_p + r_E}i_1 + \frac{1}{r_E + r_p}v_2$$

となり，これらが等しいためには，$(1-\alpha)r_C = r_p$, $(1+\beta)r_p = r_C$, $\alpha r_C = \beta r_p$ がすべて満たされなければならない．すなわち，
$$r_p = (1-\alpha)r_C, \quad \beta = \frac{\alpha}{1-\alpha}$$

【第 5 章】

5.1 a) (図は省略.) $R_C I_C = 12$ V, $V_{CE} = 10$ V, $R_E I_E \cong R_E I_C = 2$ V

と決める（これらの値は設計者が決める）. $I_C = 10$ mA なので, これらの値から $R_C = 12/10 = 1.2$ kΩ, $R_E = 2/10 = 0.2$ kΩ, ベースの電位 V_B は $V_B = 2+0.6 = 2.6$ V, ベース電流は $I_B = I_C/h_{FE} = 10/100 = 0.1$ mA. I_B の 5 倍（設計者が決める）の電流を R_A に流すとこの値は 0.5 mA となり, R_A 両端の電位差が $V_{CC} - V_B = 24 - 2.6 = 21.4$ V であり $R_A = 21.4/0.5 = 42.8$ kΩ となる. R_B の電流は $0.5 - 0.1 = 0.4$ mA, 電位差が 2.6 V であるから $R_B = 2.6/0.4 = 6.5$ kΩ となる.

b) （図は省略.）同様にして $R_C I_C = 10$ V, $V_{CE} = 9$ V, $R_E I_C = 5$ V と決めると, $I_C = 5$ mA より, $R_C = 2$ kΩ, $R_E = 1$ kΩ, $V_B = 5.6$ V, $I_B = 0.05$ mA となり, R_A に流す電流を 0.3 mA とすれば, $R_A = 61.3$ kΩ, $R_B = 22.4$ kΩ となる.

c) （図は省略.）$V_{CE} = 12$ V, $R_E I_C = 12$ V と決めると, $R_E = 240$ Ω, $V_B = 12.6$ V, $I_B = 0.5$ mA となり, R_A に流す電流を 2.5 mA とすれば, $R_A = 4.56$ kΩ, $R_B = 6.3$ kΩ となる.

5.2 $R_D I_D = 10$ V, $V_{DS} = 10$ V, $R_S I_D = 4$ V と決めると, $I_D = 50$ mA より, $R_D = 200$ Ω, $R_S = 80$ Ω, 静特性から $V_{GS} = 0.7$ V となるので, ゲートの電位はソースの電位よりも 0.7 V 高い 4.7 V とする必要がある. ゲートには直流電流は流入しないので, 電源電圧 V_{DD} を R_A と R_B で分圧してこの電圧をつくればよい. そこで, $R_A = 19.3$ kΩ, $R_B = 4.7$ kΩ とする.

【第 6 章】

6.1 a)
$$i_1 = \left(\frac{1}{R_{AB}} + \frac{1}{r_i}\right) v_1 = y_{11} v_1 + y_{12} v_2 \quad (y_{12} = 0)$$
$$i_2 = \frac{\beta}{r_i} v_1 + \left(\frac{1}{r_o} + \frac{1}{R_C}\right) v_2 = y_{21} v_1 + y_{22} v_2$$

b) $y_{12} = 0$ なので容易に計算できる.

$$A_v = -\frac{y_{21}}{y_{22} + y_L} = -\frac{\dfrac{\beta}{r_i}}{\dfrac{1}{r_o} + \dfrac{1}{R_C} + \dfrac{1}{R_L}}$$

$$A_i = \frac{y_L}{y_{11} \dfrac{1}{A_v} + y_{12}} = \frac{\dfrac{1}{R_L}}{\dfrac{1}{R_{AB}} + \dfrac{1}{r_i}} A_v$$

$$\frac{1}{z_i} = y_i = y_{11} + y_{12} A_v = \frac{1}{R_{AB}} + \frac{1}{r_i}$$

$$\frac{1}{z_o} = y_o = y_{22} - \frac{y_{12} y_{21}}{y_{11} + y_s} = \frac{1}{r_o} + \frac{1}{R_C}$$

となり, 6.2.2 節に示した結果と一致する.

6.2 a)
$$i_1 = \left(\frac{1}{R_{AB}} + \frac{1}{r_i}\right)v_1 - \frac{1}{r_i}v_2 = y_{11}v_1 + y_{12}v_2$$
$$i_2 = -\frac{1+\beta}{r_i}v_1 + \left(\frac{1+\beta}{r_i} + \frac{1}{r_o} + \frac{1}{R_E}\right)v_2 = y_{21}v_1 + y_{22}v_2$$

b)
$$A_v = -\frac{y_{21}}{y_{22} + y_L} = \frac{\dfrac{1+\beta}{r_i}}{\dfrac{1+\beta}{r_i} + \dfrac{1}{r_o} + \dfrac{1}{R_E} + \dfrac{1}{R_L}}$$

$$A_i = \frac{y_L}{y_{11}\dfrac{1}{A_v} + y_{12}} = \frac{\dfrac{1}{R_L}}{\left(\dfrac{1}{R_{AB}} + \dfrac{1}{r_i}\right)\dfrac{1}{A_v} - \dfrac{1}{r_i}}$$

$$\frac{1}{z_i} = y_i = y_{11} + y_{12}A_v = \frac{1}{R_{AB}} + \frac{1}{r_i} - \frac{1}{r_i}A_v$$

$$\frac{1}{z_o} = y_o = y_{22} - \frac{y_{21}y_{12}}{y_{11} + y_s}$$

$$= \frac{1+\beta}{r_i} + \frac{1}{r_o} + \frac{1}{R_E} - \frac{\dfrac{1+\beta}{r_i}\dfrac{1}{r_i}}{\dfrac{1}{R_{AB}} + \dfrac{1}{r_i} + \dfrac{1}{R_s}}$$

となり，これを整理すると 6.3.2 節に示した結果と一致する．

c) A 点では入力電圧 $v_i(t)$ そのものが現れ，B 点ではベースバイアス電圧と入力電圧の和となるので下図 $v_B(t)$ のようになる．C 点は交流成分に対しては接地電位となるので直流成分のみであり直流電源の値 V_{CC} となる．D 点では出力波形 $v_o(t)$ が現れ，E 点はエミッタバイアス電圧と出力電圧の和となり下図の $v_E(t)$ の波形となる．ここで，B 点の直流電位は E 点よりもおよそ 0.6 V 高いこと，入力電圧の振幅よりも出力電圧の振幅が少し小さくなることに注意する．

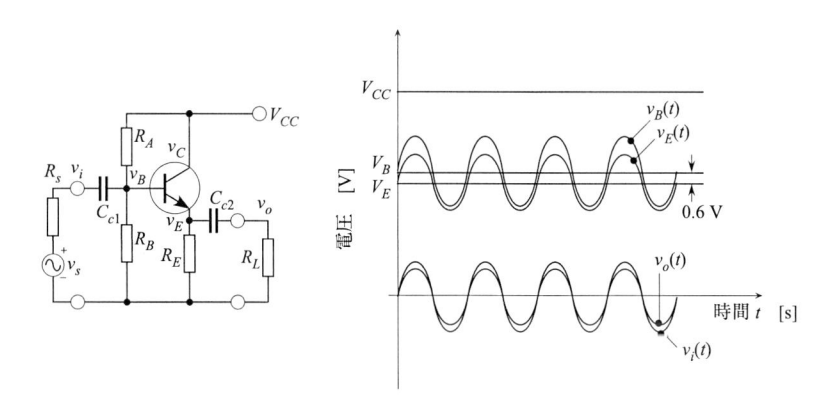

【第7章】

7.1 高域遮断周波数を f_h, 入力側の結合キャパシタによる低域遮断周波数を f_i, 出力側のキャパシタによる値を f_o, エミッタバイパスキャパシタによる値を f_E とすれば,

$$f_h = \frac{1}{2\pi}\frac{1}{C_t}\left(\frac{1}{r_{bb'}} + \frac{1}{r_{b'e}}\right) \cong 95\ [\text{MHz}]$$

$$f_i = \frac{1}{2\pi}\frac{1}{C_c}\left(\frac{1}{R_A} + \frac{1}{R_B} + \frac{1}{r_b}\right) \cong 166\ [\text{Hz}]$$

$$f_o = \frac{1}{2\pi}\frac{1}{C_c}\frac{1}{R_L + \dfrac{r_o R_C}{r_o + R_C}} \cong 133\ [\text{Hz}]$$

$$f_E \cong \frac{1}{2\pi}\frac{1}{C_E}\left(\frac{1}{R_E} + \frac{1+\beta}{r_b}\right) \cong 26\ [\text{kHz}]$$

$$r_b \equiv r_{bb'} + r_{b'e}$$

帯域幅は f_h と f_E で決まる.

7.2 a) 等価回路で表すと, 下図のようになる.

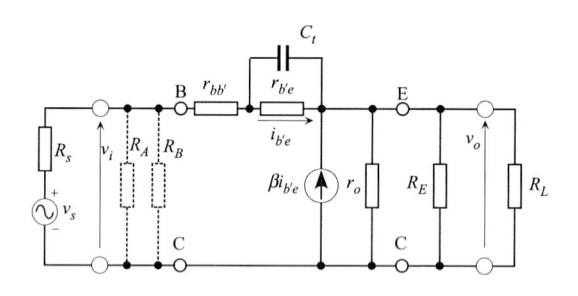

b)
$$z_b \equiv r_{bb'} + r_{b'e}\frac{1}{1+j\omega C_t r_{b'e}}$$

$$\beta i_{b'e} = \beta i_b \frac{1}{1+j\omega C_t r_{b'e}} \equiv \beta^* i_B$$

$$\frac{1}{R_T} \equiv \frac{1}{r_o} + \frac{1}{R_C} + \frac{1}{R_L}$$

とすれば,

$$\frac{v_i - v_o}{z_b} + \beta^* i_B + \frac{0 - v_o}{r_o} + \frac{0 - v_o}{R_C} + \frac{0 - v_o}{R_L} = 0$$

$$i_B = \frac{v_i - v_o}{z_B}$$

より,

$$\frac{v_o}{v_i} = \frac{1+\beta+j\omega C_t r_{b'e}}{1+\beta+\dfrac{r_{bb'}+r_{b'e}}{R_T}+j\omega C_t r_{b'e}\left(1+\dfrac{r_{bb'}}{R_T}\right)}$$

$$= \frac{1+\beta}{1+\beta+\dfrac{r_{bb'}+r_{b'e}}{R_T}} \frac{1+j\dfrac{\omega}{\omega_1}}{1+j\dfrac{\omega}{\omega_2}}$$

$$\frac{1}{\omega_1} \equiv C_t r_{b'e} \frac{1}{1+\beta}$$

$$\frac{1}{\omega_2} \equiv C_t r_{b'e} \frac{R_T + r_{b'e}}{(1+\beta)R_T + r_{bb'} + r_{b'e}}$$

R_A, R_B に流れる電流を無視すると,

$$i_i = \frac{v_i - v_o}{z_B}$$

$$i_o = \frac{v_o}{R_L}$$

$$A_i = \frac{i_o}{i_i} = \frac{\dfrac{v_o}{R_L}}{\dfrac{v_i - v_o}{z_B}} = \frac{z_B}{R_L} \frac{1}{\dfrac{v_i}{v_o} - 1}$$

$$= (1+\beta)\frac{R_T}{R_L} \frac{1+j\omega C_t r_{b'e}\dfrac{1}{1+\beta}}{1+j\omega C_t r_{b'e}} = (1+\beta)\frac{R_T}{R_L} \frac{1+j\dfrac{\omega}{\omega_1}}{1+j\dfrac{\omega}{\omega_2}}$$

$$\frac{1}{\omega_2} \equiv C_t r_{b'e}$$

となり,下図のようになる.したがって高域遮断周波数は ω_2 となる.

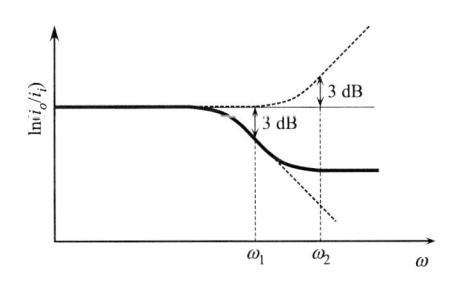

c) 無負荷時の出力電圧を v_{open}, 出力インピーダンスを z_o とすれば, 結合キャパシタを通過した出力電圧 v_o は,

$$v_o = \frac{R_L}{R_L + z_o + \dfrac{1}{j\omega C_c}} v_{open} = \frac{R_L}{R_L + z_o} \frac{1}{1+\dfrac{1}{j\omega C_c(R_L + z_o)}}$$

となる.出力側の結合キャパシタ C_c による周波数依存性のみを考慮するので v_{open} は周波数に対して依存性がないと考えてよい.したがって,電圧増幅率の周波数特性は上式で表され,これによる低域遮断周波数は, $1/C_c(R_L + z_o)$ となる.また,

短絡電流を i_{short} とすれば，出力電流 i_o は，

$$i_o = \frac{z_o}{z_o + R_L + \dfrac{1}{j\omega C_c}} i_{short} = \frac{z_o}{z_o + R_L} \frac{1}{1 + \dfrac{1}{j\omega C_c(z_o + R_L)}} i_{short}$$

となる．周波数依存性としては出力側の結合キャパシタの効果だけを考えているので，短絡電流 i_{short} は周波数に依存しないと考えてよい．したがって，上式から電流増幅率の周波数特性が得られる．

d) 入力側の結合キャパシタは入力インピーダンスが直列に接続されているので，みかけ上電流増幅率には影響しないが，低域で電圧増幅率を低下させる．入力端子の信号電圧を v_i，キャパシタを通過して回路に伝達される信号電圧を v_{in}，入力インピーダンスを z_i とすれば，

$$v_{in} = \frac{z_i}{z_i + \dfrac{1}{j\omega C_c}} v_i = v_i \frac{1}{1 + \dfrac{1}{j\omega C_t z_i}}$$

となり，周波数を低くすると，回路に伝達される信号電圧がこの式に従って小さくなることにより電圧増幅率が低下する．したがって，入力側の結合キャパシタによる低域遮断周波数は $1/C_t z_i$ となる．

7.3 a) 高周波等価回路は下図のようになる．

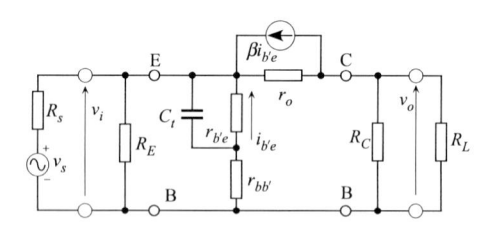

この回路について，

$$\frac{v_i - v_o}{r_o} - \beta i_B + \frac{0 - v_o}{R_C} + \frac{0 - v_o}{R_L} = 0$$

$$i_B = -\frac{v_i}{z_B}$$

$$r_{bb'} + \frac{1}{\dfrac{1}{r_{b'e}} + j\omega C_t} \equiv z_B$$

より，

$$A_v = \frac{v_o}{v_i} = \frac{\dfrac{1}{r_o}}{\dfrac{1}{r_o} + \dfrac{1}{R_C} + \dfrac{1}{R_L}} + \frac{\dfrac{\beta}{r_{bb'} + r_{b'e}}}{\dfrac{1}{r_o} + \dfrac{1}{R_C} + \dfrac{1}{R_L}} \frac{1}{1 + j\omega C_t \dfrac{r_{bb'} r_{b'e}}{r_{bb'} + r_{b'e}}}$$

となる．第1項は小さく，第2項で値が決まるので，遮断周波数は $(1/C_t)(1/r_{bb'} + 1/r_{b'e})$．

b）（前問と同様なので省略）

c）等価回路で表すと下図のようになる．

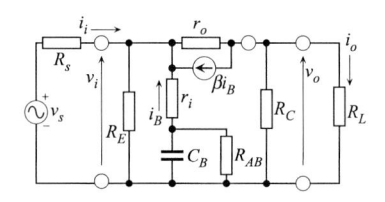

ここで，$1/R_{AB} \equiv 1/R_A + 1/R_B$ である．これについて，

$$\frac{v_i - v_o}{r_o} - \beta i_B + \frac{0 - v_o}{R_C} + \frac{0 - v_o}{R_L} = 0$$

$$i_B = -\frac{v_i}{Z_{AB}}$$

$$r_i + \frac{1}{\dfrac{1}{R_{AB}} + j\omega C_B} \equiv Z_{AB}$$

より，

$$A_v = \frac{v_o}{v_i} = \frac{\dfrac{1}{r_o}}{\dfrac{1}{r_o} + \dfrac{1}{R_C} + \dfrac{1}{R_L}} + \frac{\dfrac{\beta}{r_i}}{\dfrac{1}{r_o} + \dfrac{1}{R_C} + \dfrac{1}{R_L}} \cdot \frac{1 + \dfrac{1}{j\omega C_B R_{AB}}}{1 + \dfrac{1}{j\omega C_B}\left(\dfrac{1}{R_{AB}} + \dfrac{1}{r_i}\right)}$$

第1項は小さく，第2項で値が決まるので，ベースバイアスキャパシタ C_B による低域遮断周波数は $(1/C_B)(1/R_{AB} + 1/r_i)$ となる．

【第8章】

8.1 まず2段目までは，

$$v_{o1} = \frac{-\dfrac{\beta_1}{r_{i1}}}{1 + \dfrac{1}{r_{o1}} + \dfrac{1}{R_{C1}} + \dfrac{1}{z_{i2}}} v_i$$

$$v_{o2} = \frac{-\dfrac{\beta_2}{r_{i2}}}{\dfrac{1}{r_{o2}} + \dfrac{1}{R_{C2}} + \dfrac{1}{R_L}} v_{o1}$$

$$A_v = \frac{v_{o2}}{v_i} = \frac{\dfrac{\beta_2}{r_{i2}}}{\dfrac{1}{r_{o2}} + \dfrac{1}{R_{C2}} + \dfrac{1}{R_L}} \cdot \dfrac{\dfrac{\beta_1}{r_{i1}}}{\dfrac{1}{r_{o1}} + \dfrac{1}{R_{C1}} + \dfrac{1}{z_{i2}}}$$

$$\frac{1}{z_{i2}} = \frac{1}{r_{i2}} + \frac{1}{R_{AB2}}$$

$$\frac{1}{z_{i3}} = \frac{1}{r_{i3}} + \frac{1}{R_{AB3}}$$

同様にして 3 段目まで計算する.

8.2 $i_{B1} = i_{a1} = \dfrac{n_{a2}}{n_{a1}} \dfrac{v_i}{r_{i1}}$

$i_{b1} = -\beta_1 i_{B1} \dfrac{r_{01}}{r_{o1} + \dfrac{n_{b1}^2}{n_{b2}^2} r_{i2}}$, $\qquad i_{b2} = \dfrac{n_{b1}}{n_{b2}} i_{b1}$

$i_{c1} = -\beta_2 i_{b2} \dfrac{r_{02}}{r_{o2} + \dfrac{n_{c1}^2}{n_{c2}^2} R_L}$, $\qquad i_{c2} = \dfrac{n_{c1}}{n_{c2}} i_{c1}$

$A_v = \dfrac{v_o}{v_i} = \dfrac{R_L i_{c2}}{v_i} = \beta_1 \beta_2 \dfrac{n_{c1}}{n_{c2}} \dfrac{n_{b1}}{n_{b2}} \dfrac{n_{a2}}{n_{a1}} \dfrac{r_{o2}}{r_{o2} + \dfrac{n_{c1}^2}{n_{c2}^2} R_L} \dfrac{r_{o1}}{r_{o1} + \dfrac{n_{c1}^2}{n_{c2}^2} r_{i2}} \dfrac{R_L}{r_{i1}}$

8.3 下図のように, 純リアクタンス X_1, X_2 と純サセプタンス B_1, B_2 を用いて R_1, R_2 をマッチングさせる回路を構成する.

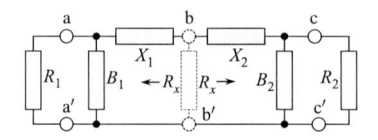

端子 bb′ から aa′ 側をみたインピーダンスを純抵抗 R_x となるように X_1 と B_1 を決める. すなわち,

$$R_x = \dfrac{1}{\dfrac{1}{R_1} + jB_1} + jX_1 = jX_1 + \dfrac{R_1}{1 + B_1^2 R_1^2} - j\dfrac{B_1 X_1^2}{1 + B_1^2 R_1^2}$$

となるので, $R_x = R_1/(1+R_1^2 B_1^2)$ となるよう B_1 を決め, $X_1 = R_1^2 B_1/(1+R_1^2 B_1^2)$ となるよう X_1 を決める. これで bb′ 端子には等価的に純抵抗 R_x が接続されていることになる. 次に, cc′ 端子から bb′ 側をみたアドミタンスが純コンダクタンス $1/R_2$ となるよう X_2, B_2 を決めればよい. すなわち,

$$\dfrac{1}{R_2} = jB_2 + \dfrac{1}{R_x + jX_2} = \dfrac{R_x}{R_x^2 + X_2^2} - j\dfrac{X_2}{R_x^2 + X_2^2} + jB_2$$

となるので, $1/R_2 = R_x/(R_x^2+X_2^2)$ となるよう X_2 を決め, $B_2 = X_2/(R_x^2+X_2^2)$ となるよう B_2 を決めればよい. これらは逆向きでも同時に成立している（確認してみよ）.

実際の回路では $X_1 + X_2$ の値が端子間に直列に挿入されることになる. また R_x の値は設計者が決める. R_x を小さくして設計すると回路の Q 値が低くなる. 図 8.12(b) の回路を設計するには, $R_0 = R_1$, $R_L = R_2$ として R_2 の値を適当に定め, 上記の方法でリアクタンスの値を決める.

8.4 高域特性はトランジスタで決まり,

$$A_v = A_{v0} \frac{1}{1+j\dfrac{\omega}{\omega_1}} \frac{1}{1+j\dfrac{\omega}{\omega_2}}$$

$$\omega_1 \equiv \frac{1}{C_{t1}}\left(\frac{1}{r_{bb'1}} + \frac{1}{r_{b'e1}}\right)$$

$$\omega_2 \equiv \frac{1}{C_{t2}}\left(\frac{1}{r_{bb'2}} + \frac{1}{r_{b'e2}}\right)$$

となるので, どちらか遮断周波数の低い方の値が回路全体の遮断周波数となる. トランジスタの特性がまったく同じであれば,

$$A_v = A_{v0}\frac{1}{\left(1+j\dfrac{\omega}{\omega_1}\right)^2}$$

となり, 電圧増幅率が 3 dB 低くなる周波数は,

$$\frac{1}{\left|1+j\dfrac{\omega}{\omega_1}\right|^2} = \frac{1}{\sqrt{2}}$$

より,

$$\omega = \omega_1\sqrt{\sqrt{2}-1}$$

となり, 1 段増幅の場合よりも帯域幅は狭くなる.

8.5 a) 下図のように考えると 1 段目と 2 段目を個々に解析できる. 1 段目の出力端子からみると, 2 段目は等価的に入力インピーダンス z_{i2} で表すことができる. また, 2 段目の入力端子から 1 段目をみると出力インピーダンス z_{o1} の信号源と等価である.

したがって, 1 段目の出力電圧 v_{o1} は負荷を 2 段目の入力インピーダンス z_{i2} として,

$$v_{o1} = \frac{-\dfrac{\beta_1}{r_{i1}}}{\dfrac{1}{r_{o1}} + \dfrac{1}{R_C} + \dfrac{1}{z_{i2}}}v_i$$

と表すことができる. 2 段目は入力電圧が v_{o1} のコレクタ接地増幅回路と考えられ

(a) 回路全体

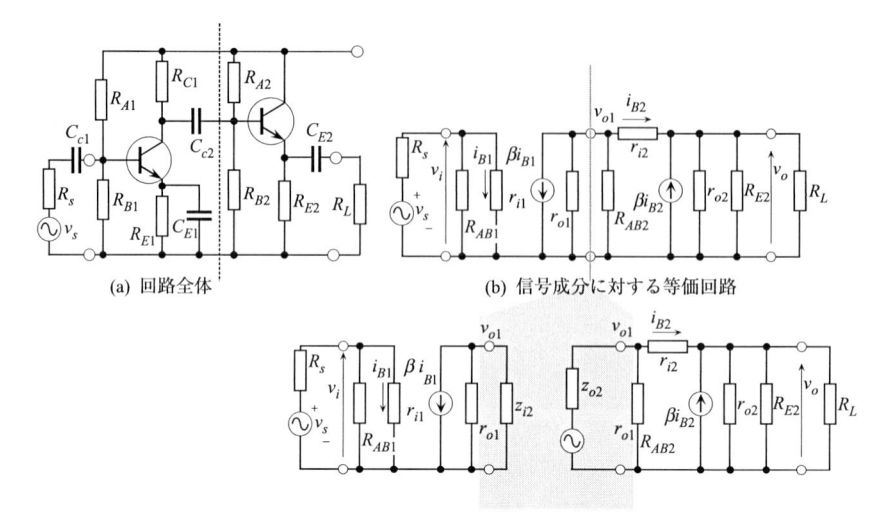

(b) 信号成分に対する等価回路

(c) 1段目と2段目を個別に解析する方法

るので，図から，

$$\frac{v_{o1} - v_o}{r_{i1}} + \beta_2 \frac{v_{o1} - v_o}{r_{i2}} + \frac{0 - v_o}{r_{o2}} + \frac{0 - v_o}{R_{E2}} + \frac{0 - v_o}{R_L} = 0$$

より，

$$v_o = \frac{\dfrac{1+\beta_2}{r_{i2}}}{\dfrac{1+\beta_2}{r_{i2}} + \dfrac{1}{r_{o2}} + \dfrac{1}{R_{E2}} + \dfrac{1}{R_L}} v_{o1}$$

$$= \frac{\dfrac{1+\beta_2}{r_{i2}}}{\dfrac{1+\beta_2}{r_{i2}} + \dfrac{1}{r_{o2}} + \dfrac{1}{R_{E2}} + \dfrac{1}{R_L}} \frac{-\dfrac{\beta_1}{r_{i1}}}{\dfrac{1}{r_{o1}} + \dfrac{1}{R_C} + \dfrac{1}{z_{i2}}} v_i$$

となり，$A_v = v_o/v_i$ を求めることができる．全体の入出力インピーダンスも同様な方法で1段目と2段目を個別に解析することにより容易に算出できる．

b) 2段目を接続しない（1段目に対する負荷を開放した）ときの1段目の電圧増幅率を $A_{1v\infty}$ とすれば，この値は結合キャパシタ C_{c2} に無関係であり，

$$v_{i2} = \frac{z_{i2}}{z_{o1} + z_{i2} + \dfrac{1}{j\omega C_{c2}}} A_{1v\infty} v_i$$

$$= \frac{z_{i2}}{z_{o1} + z_{i2}} \frac{1}{1 + \dfrac{1}{j\omega C_{c2}(z_{o1} + z_{i2})}} A_{1v\infty} v_i$$

$$\frac{1}{z_{o1}} \equiv \frac{1}{r_{o1}} + \frac{1}{R_{C1}}$$

$$\frac{1}{z_{i2}} \equiv \frac{1}{r_i} \frac{\dfrac{1}{r_{o2}} + \dfrac{1}{R_{E2}} + \dfrac{1}{R_L}}{\dfrac{1+\beta_2}{r_{i2}} + \dfrac{1}{r_{o2}} + \dfrac{1}{R_{E2}} + \dfrac{1}{R_L}} + \frac{1}{R_{AB2}}$$

である．全体の電圧増幅率は，

$$A_v = \frac{v_o}{v_i} = \frac{v_o}{v_{i2}} \frac{v_{i2}}{v_i}$$

であり，C_{c2} が影響する v_{i2}/v_i が低周波特性を決めると考えられるので遮断周波数 ω_L は，

$$\frac{1}{\omega_L} = C_{c2}(z_{o1} + z_{i2}) \qquad (z_o1,\ z_i2 \text{ は純抵抗})$$

【第 9 章】

9.1 a) $i_o = \dfrac{R_C}{R_C + R_L} i'_o$

b) $i_i = \dfrac{z'_i + R_{AB}}{R_{AB}} i'_i$

c) $z'_i = r_i + R_f - \dfrac{R_f(-\beta r_o + R_f)}{r_o + R_f + R'_L}$

$\dfrac{1}{R'_L} = \dfrac{1}{R_L} + \dfrac{1}{R_C}$

$A_i = \dfrac{i_o}{i_i} = \dfrac{\dfrac{R_C}{R_L + R_C} i'_o}{\dfrac{z'_i + R_{AB}}{R_{AB}} i'_i} = \dfrac{R_C}{R_L + R_C} \dfrac{R_{AB}}{z'_i + R_{AB}} \dfrac{-\beta r_o + R_f}{r_o + R_f + R_L}$

d) $\dfrac{1}{z_i} = \dfrac{1}{R_{AB}} + \dfrac{1}{z'_i}$

e) $\dfrac{1}{z_o} = \dfrac{1}{r_o} + \dfrac{1}{z'_o}$

9.2 $A_i = \dfrac{h_{21}}{1 + h_{22}R_L}$

$A_v = \dfrac{1}{-\dfrac{h_{11}}{R_L} \dfrac{1 + h_{22}R_L}{h_{21}} + h_{12}}$

$= -\dfrac{R_L}{h_{11}} \dfrac{h_{21}}{1 + h_{22}R_L} \dfrac{1}{1 - h_{12} \dfrac{R_L}{h_{11}} \dfrac{h_{21}}{1 + h_{22}R_L}}$

$z_i = h_{11} - \dfrac{h_{12}h_{21}R_L}{1 + h_{22}R_L}$

$\dfrac{1}{z_0} = h_{22} - \dfrac{h_{12}h_{21}}{h_{11} + R_s}$

9.3
$$\frac{v_2}{v_1} = \frac{g_{21}}{1+g_{22}y_L}$$
$$\frac{i_2}{i_1} = \frac{1}{g_{12} - \dfrac{g_{11}}{g_{21}}\left(\dfrac{1}{y_L}+g_{22}\right)}$$
$$= -\frac{y_L}{g_{11}}\frac{g_{21}}{1+g_{22}y_L}\frac{1}{1-g_{12}\dfrac{y_L}{g_{11}}\dfrac{g_{21}}{1+g_{22}y_L}}$$
$$\frac{1}{z_i} = g_{11} - g_{12}\frac{g_{21}}{1+g_{22}y_L}y_L$$
$$z_o = g_{22} - \frac{g_{12}g_{21}}{g_{11}+y_s}$$

9.4 a) 等価回路は下図のようになり，

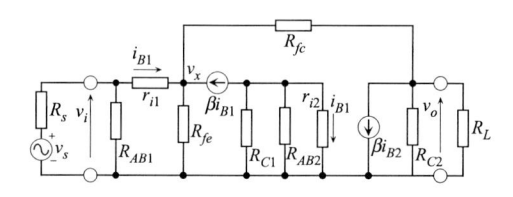

$$\frac{v_i - v_x}{r_{i1}} + \frac{0 - v_x}{R_{fe}} + \frac{v_o - v_x}{R_{fc}} + \beta_1 i_{B1} = 0$$

となり，出力端子から R_{fc} に流れる電流を無視すると，

$$v_o = -\beta i_{B2}R_2 = \beta_1\beta_2\frac{R_1R_2}{r_{i2}}i_{B1}$$

$$\frac{1}{R_1} \equiv \frac{1}{R_{C1}} + \frac{1}{r_{i2}} \quad \left(+\frac{1}{R_{AB2}}\right)$$

$$\frac{1}{R_2} \equiv \frac{1}{R_{C2}} + \frac{1}{R_L}$$

となる．

b)
$$A_v = \frac{v_o}{v_i} = \beta_1\beta_2\frac{R_1R_2}{r_{i1}r_{i2}}\frac{1 - \dfrac{\dfrac{1+\beta_1}{r_{i1}}}{\dfrac{1+\beta_1}{r_{i1}}+\dfrac{1}{R_{fe}}+\dfrac{1}{R_{fc}}}}{1+\beta_1\beta_2\dfrac{R_1R_2}{r_{i1}r_{i2}}\dfrac{\dfrac{1}{R_{fc}}}{\dfrac{1+\beta_1}{r_{i1}}+\dfrac{1}{R_{fe}}+\dfrac{1}{R_{fc}}}}$$

$$\cong \beta_1\beta_2 \frac{R_1R_2}{r_{i1}r_{i2}} \frac{1}{1+\beta_1\beta_2\dfrac{R_1R_2}{r_{i1}r_{i2}}\dfrac{\dfrac{1}{R_{fc}}}{\dfrac{1+\beta_1}{r_{i1}}+\dfrac{1}{R_{fe}}+\dfrac{1}{R_{fc}}}}$$

9.5 (a) の回路

トランジスタを簡易等価回路で表し，ベースバイアス抵抗を無視すると下図 (a) のようになる．

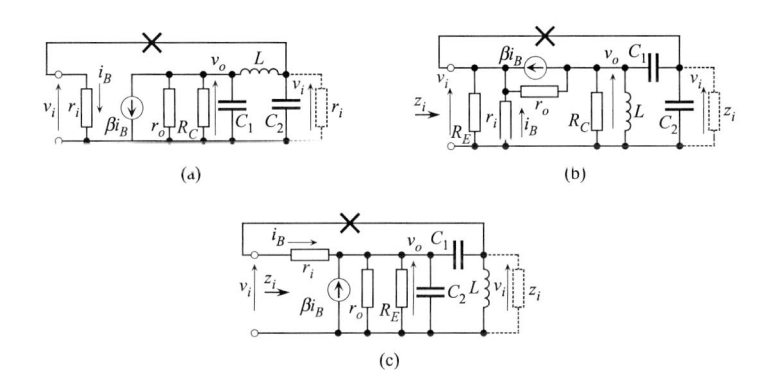

出力と入力を接続している配線を仮想的に切断し，負荷として回路の入力インピーダンスを接続して考える．入力が v_i のとき負荷に v_i の電圧が現れれば，回路は安定して発振していることになる．電流源 βi_B から負荷側をみたインピーダンスを $\dot{z}_1$ とすれば，

$$v_o = -\beta i_B \dot{z}_1 = -\frac{\beta v_i}{r_i}\dot{z}_1$$

$$\dot{z}_1 = \frac{1}{\dfrac{1}{r_o}+\dfrac{1}{R_C}+j\omega C_1+\dfrac{1}{j\omega L+\dfrac{1}{\dfrac{1}{r_i}+j\omega C_2}}}$$

$$v_i = \frac{\dfrac{1}{\dfrac{1}{r_i}+j\omega C_2}}{j\omega L+\dfrac{1}{\dfrac{1}{r_i}+j\omega C_2}} v_o$$

となる．v_i を表す式の虚数部が 0，実数部が v_1 となることが安定した発振の条件である．虚数部=0 の条件から，

$$\omega^2 = \frac{1}{L}\left(\frac{1}{C_1} + \frac{1}{C_2}\right) + \frac{1}{C_1 C_2 r_i}\left(\frac{1}{R_C} + \frac{1}{r_o}\right)$$

となり，R_C, r_o が十分に大きければ，

$$\omega^2 \cong \frac{1}{L}\left(\frac{1}{C_1} + \frac{1}{C_2}\right)$$

となる．

または，下図 (a′) のように考えて，節点法で回路方程式をつくると，

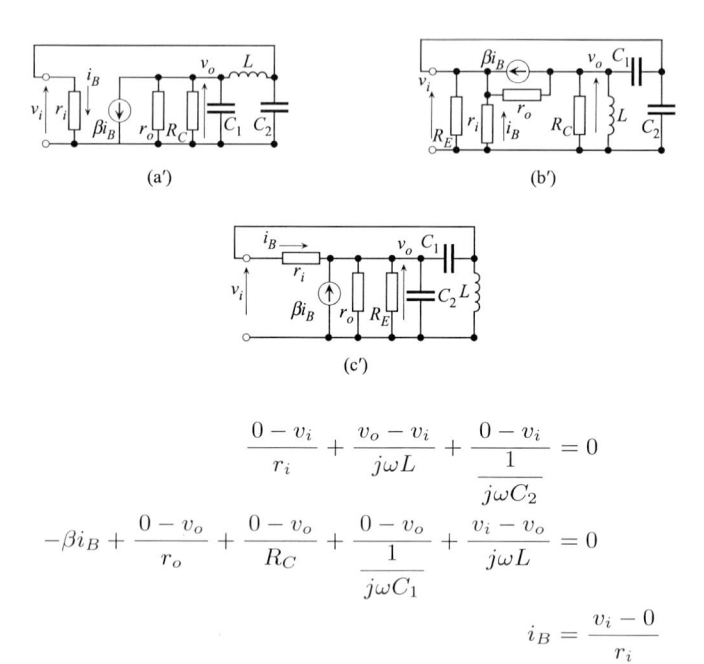

(a′)　　　　　(b′)

(c′)

$$\frac{0 - v_i}{r_i} + \frac{v_o - v_i}{j\omega L} + \frac{0 - v_i}{\dfrac{1}{j\omega C_2}} = 0$$

$$-\beta i_B + \frac{0 - v_o}{r_o} + \frac{0 - v_o}{R_C} + \frac{0 - v_o}{\dfrac{1}{j\omega C_1}} + \frac{v_i - v_o}{j\omega L} = 0$$

$$i_B = \frac{v_i - 0}{r_i}$$

となり，この式が $v_i = v_o = 0$ 以外の解をもつ条件，すなわち係数行列式が 0 になる条件を求めればよい．

(b) の回路

同様に，等価回路は前図 (b) のようになり，v_o 端子から負荷側をみたインピーダンスを $\dot{z}_2$, 発振時の回路の入力インピーダンスを z_i（純抵抗）とすれば，

$$\frac{v_i - v_o}{r_o} - \beta i_B + \frac{0 - v_o}{\dot{z}_2} = 0$$

$$i_B = -\frac{v_i}{r_i}$$

より，

$$v_o = \frac{\dfrac{\beta}{r_i} + \dfrac{1}{r_o}}{\dfrac{1}{r_o} + \dfrac{1}{\dot{z}_2}} v_i$$

$$\frac{1}{\dot{z}_2} \equiv \frac{1}{j\omega L} + \frac{1}{\dfrac{1}{j\omega C_1} + \dfrac{1}{\dfrac{1}{z_i} + j\omega C_2}}$$

となる．一方，図から v_o を分圧した値が v_i となっているので，

$$v_i = \frac{\dfrac{1}{\dfrac{1}{z_i} + j\omega C_2}}{\dfrac{1}{j\omega C_1} + \dfrac{1}{\dfrac{1}{z_i} + j\omega C_2}} v_o = \frac{\dfrac{1}{\dfrac{1}{z_i} + j\omega C_2}}{\dfrac{1}{j\omega C_1} + \dfrac{1}{\dfrac{1}{z_i} + j\omega C_2}} \cdot \frac{\dfrac{\beta}{r_i} + \dfrac{1}{r_o}}{\dfrac{1}{r_o} + \dfrac{1}{\dot{z}_2}} v_i$$

の右辺の虚数部が 0，実数部が v_i となることが発振条件である．このことから，

$$\omega^2 = \frac{1}{L}\left(\frac{1}{C_1} + \frac{1}{C_2}\right) + \frac{1}{C_1 C_2 r_o z_i} \cong \frac{1}{L}\left(\frac{1}{C_1} + \frac{1}{C_2}\right)$$

となる．
　または，前図 (b') のように考えて，節点法で回路方程式をつくると，

$$\frac{0-v_i}{R_E} + \frac{0-v_i}{r_i} + \frac{v_o-v_i}{r_o} + \beta i_B + \frac{v_o-v_i}{\dfrac{1}{j\omega C_1}} + \frac{0-v_i}{\dfrac{1}{j\omega C_2}} = 0$$

$$-\beta i_B + \frac{v_i-v_o}{r_o} + \frac{0-v_o}{R_C} + \frac{0-v_o}{j\omega L} + \frac{v_i-v_o}{\dfrac{1}{j\omega C_1}} = 0$$

$$i_B = \frac{v_i - 0}{r_i}$$

となり，この式が $v_i = v_o = 0$ 以外の解をもつ条件，すなわち係数行列式が 0 になる条件を求めればよい．

(c) の回路

同様に，等価回路は前図 (c) のようになり，v_o 端子から負荷側をみたインピーダンスを $\dot{z}_3$，発振時の回路の入力インピーダンスを z_i（純抵抗）とすれば，

$$\frac{v_i - v_o}{r_i} + \beta i_B + \frac{0 - v_o}{\dot{z}_3} = 0$$

$$i_B = \frac{v_i - v_o}{r_i}$$

より，

$$v_o = \frac{\dfrac{1+\beta}{r_i}}{\dfrac{1+\beta}{r_i} + \dfrac{1}{\dot{z}_3}} v_i$$

となる．一方，図から v_o を分圧した値が v_i となっているので，

$$v_i = \cfrac{\cfrac{1}{\cfrac{1}{z_i}+\cfrac{1}{j\omega L}}}{\cfrac{1}{j\omega C_1}+\cfrac{1}{\cfrac{1}{z_i}+\cfrac{1}{j\omega L}}} v_o = \cfrac{\cfrac{1}{\cfrac{1}{z_i}+\cfrac{1}{j\omega L}}}{\cfrac{1}{j\omega C_1}+\cfrac{1}{\cfrac{1}{z_i}+\cfrac{1}{j\omega L}}} \cfrac{\cfrac{1+\beta}{r_i}}{\cfrac{1+\beta}{r_i}+\cfrac{1}{\dot{z}_3}} v_i$$

となり，この式の右辺の虚数部が 0，実数部が v_i となることが発振条件である．このことから，

$$\omega^2 = \frac{1}{L}\left(\frac{1}{C_1}+\frac{1}{C_2}\right) + \frac{1}{C_1 C_2}\left(\frac{1+\beta}{r_i}+\frac{1}{r_o}+\frac{1}{R_C}\right)$$
$$\cong \frac{1}{L}\left(\frac{1}{C_1}+\frac{1}{C_2}\right)$$

または，前図 (c′) のように考えて，節点法で回路方程式をつくると，

$$\frac{v_o - v_i}{r_i} + \frac{v_o - v_i}{\dfrac{1}{j\omega C_1}} + \frac{0 - v_i}{j\omega L} = 0$$

$$\frac{v_i - v_o}{r_i} + \beta i_B + \frac{0 - v_o}{r_o} + \frac{0 - v_o}{R_E} + \frac{0 - v_o}{\dfrac{1}{j\omega C_2}} = 0$$

$$i_B = \frac{v_i - v_o}{r_i}$$

となり，この式が $v_i = v_o = 0$ 以外の解をもつ条件，すなわち係数行列式が 0 になる条件を求めればよい．

【第 10 章】

10.1 (a) の回路

$$\frac{v_1 - v_-}{R_1} + \frac{v_x - v_-}{R_2} = 0$$
$$\frac{v_o - v_x}{R_3} + \frac{0 - v_x}{R_4} + \frac{v_- - v_x}{R_2} = 0$$
$$v_+ = v_- = 0$$

より v_x を消去して，

$$v_o = -\frac{R_3 R_3}{R_1}\left(\frac{1}{R_2}+\frac{1}{R_3}+\frac{1}{R_4}\right) v_1$$

(b) の回路

$$\frac{v_1 - v_-}{R_1} + I_0 e^{\frac{q}{kT}(v_o - v_-)} = 0$$
$$v_+ = v_- = 0$$

より，

$$v_o = \frac{kT}{q} \ln\left(-\frac{v_1}{I_0 R_1}\right) \qquad (v_1 < 0 \text{ に限る})$$

となる（出力が温度に依存するので実用的ではない）．

(c) の回路

$$I_0 e^{\frac{q}{kT}(v_1-v_-)} + \frac{v_o - v_-}{R_1} = 0$$
$$v_+ = v_- = 0$$

より，

$$v_o = -R_1 I_o e^{\frac{qv_1}{kT}}$$

となる（出力が温度に依存するので実用的ではない）．

(d) の回路

$$\frac{0 - v_{-1}}{R_1} + \frac{v_{o1} - v_{-1}}{R_1} = 0$$
$$v_{+1} = v_{-1} = v_1$$
$$\frac{v_{o1} - v_{-2}}{R_1} + \frac{v_o - v_{-2}}{R_1} = 0$$
$$v_{+2} = v_{-2} = v_2$$

より，

$$v_o = 2(v_2 - v_1)$$

(e) の回路

$$\frac{v_{-2} - v_{-1}}{R_3} + \frac{v_{o1} - v_{-1}}{R_1} = 0$$
$$\frac{v_{-1} - v_{-2}}{R_3} + \frac{v_{o2} - v_{-2}}{R_1} = 0$$
$$v_{+1} = v_{-1} = v_1$$
$$v_{+2} = v_{-2} = v_2$$
$$\frac{v_{o1} - v_{-3}}{R_2} + \frac{v_o - v_{-3}}{R_4} = 0$$
$$\frac{v_{o2} - v_{+3}}{R_2} + \frac{0 - v_{+3}}{R_4} = 0$$
$$v_{+3} = v_{-3}$$

より，

$$v_o = \frac{R_4}{R_2}\left(\frac{2R_2}{R_3} + 1\right)(v_2 - v_1)$$

10.2 a)
$$v_+ = \frac{R_2}{R_2 + R_3} V_{CC}$$

b)
$$v_-(t) = V_{CC} - (V_{CC} - V_0)e^{-\frac{t}{CR_1}}$$

c)
$$v_-(t_1) = \frac{R_2}{R_2 + R_3}V_{CC}$$

d)
$$v_+(t > t_1) = -\frac{R_2}{R_2 + R_3}V_{CC}$$

e)
$$v_-(t) = -V_{CC} + \left(V_{CC} + \frac{R_2}{R_2 + R_3}V_{CC}\right)e^{\frac{t-t_1}{CR_1}}$$

f)
$$-\frac{R_2}{R_2 + R_3}V_{CC} = -V_{CC} + \left(V_{CC} + \frac{R_2}{R_2 + R_3}V_{CC}\right)e^{\frac{t_2-t_1}{CR_1}}$$

より,
$$\Delta t = t_2 - t_1 = CR_1 ln\left(1 + \frac{2R_2}{R_3}\right)$$

g)
$$f = \frac{1}{T} = \frac{1}{2(t_2 - t_1)} = \frac{1}{2CR_1 ln\left(1 + \frac{2R_2}{R_3}\right)}$$

索　引

欧　文

- A 級増幅回路　169
- B 級増幅　172
- CR 結合増幅回路　115
- FET　47
-　　──の等価回路　48
- g パラメータ　25
- h パラメータ　25, 42
- LC 結合回路　121
- pn 接合ダイオード　34
- pn 接合トランジスタ　35
- T 形等価回路　41
- y パラメータ　24
- z パラメータ　22

ア　行

- アドミタンスパラメータ　24
- α 遮断周波数　88
- イマージナリーショート　155
- インピーダンス整合　112
- インピーダンスパラメータ　22
- エネルギー変換効率　168
- エミッタ　35
- エミッタ接合　35
- エミッタ接地　38
- エミッタ接地増幅回路　62
- エミッタ接地電流増幅率　42
- エミッタバイパスキャパシタ　100
- 演算増幅器　153, 161

カ　行

- 重ね合わせの定理　10
- 加算回路　160
- 仮想短絡　155
- 簡易高周波等価回路　89
- 簡易等価回路　44
- 帰還回路　125
- 帰還増幅回路　125
- 帰還率　125
- 逆ハイブリッドパラメータ　25
- 逆方向飽和電流密度　34
- キルヒホッフの法則　5
- 矩形波発振回路　162
- 結合回路　109
- 結合キャパシタ　64
- ゲート　47
- 減算回路　160
- 高域遮断周波数　93
- 高周波等価回路　45, 88
- 高周波 π 形等価回路　89
- 交流信号に対する成分　63
- 交流負荷線　59
- 固定バイアス　53
- コレクタ　35
- コレクタ接合　35
- コレクタ接地回路　72
- コンパレータ　161

サ　行

- 差動相電圧　149
- 差動増幅回路　147
- 差動増幅器　147
- 実際の波形　69
- 周波数依存性　87
- 周波特性　87
- 出力インピーダンス　30
- 瞬時値　15

小信号等価回路　40
正帰還　126
制御電源　4
積分回路　160
節点法　5
増幅回路の特性　31
増幅率　31
ソース　47

タ 行

帯域幅　87
大振幅動作　58
単出力差動増幅回路　152
単同調増幅回路　118
中間周波数領域　92
直接結合　111, 114
直流バイアス　51
直流バイアス回路　51
直流負荷直線　59
直列帰還　134
低域遮断周波数　98, 105
デシベル　87
テブナンの定理　10
電圧源　1
電圧増幅率　28
電圧利得　87
電界効果トランジスタ　47
電流帰還自己バイアス回路　54
電流源　1
電流増幅率　29
電流利得　87
等価電源定理　10
動作点　53
同相信号除去比　150
同相電圧　149
独立電源　1, 4
トランス結合増幅回路　116
ドレイン　47

ナ 行

2 端子対回路　22

2 端子対パラメータ　22
入力インピーダンス　29

ハ 行

バイアス抵抗　54
バイアス電圧　53
バイアス電流　53
ハイブリッドパラメータ　25
バイポーラトランジスタ　35
　——の静特性　36
バーチャルショート　155
発振　140
発振回路　140
ハートレー回路　141
反転入力端子　154
比較回路　161
非反転入力端子　153
微分回路　160
負帰還　126
複素インピーダンス　16
複素電圧　14
複素電流　14
並列帰還　127
ベース　35
ベース・エミッタ間電圧　55
ベース接地増幅回路　78
ベース接地電流増幅率　36
ベース接地電流電圧特性　37

ヤ 行

誘導結合　111
容量結合　111
4 端子回路　22
4 端子パラメータ　22

ラ 行

理想電圧源　2
理想電流源　2
ループ利得　140

著者略歴

上村 喜一(かみむら きいち)
1950年　新潟県に生まれる
1977年　東京工業大学大学院博士課程修了
現　在　信州大学工学部教授
　　　　工学博士

基礎電子回路 ─回路図を読みとく─　　定価はカバーに表示

2012年10月15日　初版第1刷
2015年 2 月25日　　　第2刷

　　　　　　　　　　　著　者　上　村　喜　一
　　　　　　　　　　　発行者　朝　倉　邦　造
　　　　　　　　　　　発行所　株式会社　朝　倉　書　店
　　　　　　　　　　　　　東京都新宿区新小川町6-29
　　　　　　　　　　　　　郵便番号　162-8707
　　　　　　　　　　　　　電　話　03(3260)0141
　　　　　　　　　　　　　ＦＡＸ　03(3260)0180
　　　　　　　　　　　　　http://www.asakura.co.jp
〈検印省略〉

ⓒ 2012〈無断複写・転載を禁ず〉　　中央印刷・渡辺製本

ISBN 978-4-254-22158-9　C 3055　　Printed in Japan

JCOPY 〈(社)出版者著作権管理機構 委託出版物〉

本書の無断複写は著作権法上での例外を除き禁じられています。複写される場合は、
そのつど事前に、(社)出版者著作権管理機構(電話 03-3513-6969、FAX 03-3513-
6979、e-mail: info@jcopy.or.jp)の許諾を得てください。

東工大 藤井信生・理科大 関根慶太郎・東工大 高木茂孝・理科大 兵庫 明編

電子回路ハンドブック

22147-3 C3055　　　　　　B 5 判 464頁 本体20000円

電子回路に関して，基礎から応用までを本格的かつ体系的に解説したわが国唯一の総合ハンドブック。大学・産業界の第一線研究者・技術者により執筆され，500余にのぼる豊富な回路図を掲載し，"芯のとおった"構成を実現。なお，本書はディジタル電子回路を念頭に入れつつも回路の基本となるアナログ電子回路をメインとした。〔内容〕I.電子回路の基礎／II.増幅回路設計／III.応用回路／IV.アナログ集積回路／V.もう一歩進んだアナログ回路技術の基本

長岡技科大 島田正治・長岡技科大 穂刈治英・愛知学院大 安川 博・大島商船高専 塩田宏明著
ニューテック・シリーズ

ディジタル電子回路

22801-4 C3354　　　　　　A 5 判 192頁 本体3300円

ディジタル素子全般から新ディジタル素子まで，工夫された演習・例題・図を用いて平易に解説。〔内容〕回路素子／応用回路／論理代数／順序回路の基本構成要素／カウンタとシフトレジスタ／数の表現／演算回路／AD変換・DA変換／他

D.L.シリング・C.ビラブ著
岡部豊比古監修 山中惣之助・宇佐美興一訳
トランジスタとICのための

電子回路 I
―アナログ編―

22135-0 C3055　　　　　　A 5 判 256頁 本体3800円

トランジスタ回路から集積回路までを包括的に解説した教科書。〔内容〕ダイオード回路の解析／トランジスタ回路の基礎／電界効果トランジスタ／バイアス安定度／可聴周波電力増幅器／対数単位で表わした利得／抵抗とコンデンサの標準値

前工学院大 曽根 悟訳

図解 電子回路必携

22157-2 C3055　　　　　　A 5 判 232頁 本体4200円

電子回路の基本原理をテーマごとに1頁で簡潔・丁寧にまとめられたテキスト。〔内容〕直流回路／交流回路／ダイオード／接合トランジスタ／エミッタ接地増幅器／入出力インピーダンス／過渡現象／デジタル回路／演算増幅器／電源回路，他

前関大 金田彌吉編著
エース電気・電子・情報工学シリーズ

エース電子回路
―アナログからディジタルまで―

22742-0 C3354　　　　　　A 5 判 216頁 本体3200円

電子回路（アナログ回路とディジタル回路）に関する基礎理論や設計法を，実例を交えながらわかりやすく整理・解説。〔内容〕増幅回路／電力増幅回路／直流増幅回路／帰還増幅回路／演算増幅／電源回路／発振回路／パルス発生回路／論理回路

岡山理大 岡本卓爾・岡山大 森川良孝・岡山大 佐藤洋一郎著
入門電気・電子工学シリーズ 6

入門ディジタル回路

22816-8 C3354　　　　　　A 5 判 224頁 本体3200円

基礎からていねいに，わかりやすく解説したセメスター制対応の教科書。〔内容〕半導体素子の非線形動作／波形変換回路／パルス発生回路／基本論理ゲート／論理関数とその簡単化／論理回路／演算回路／ラッチとフリップフロップ／他

前青学大 國岡昭夫・信州大 上村喜一著

新版 基礎半導体工学

22138-1 C3055　　　　　　A 5 判 228頁 本体3400円

理解しやすい図を用いた定性的説明と式を用いた定量的な説明で半導体を平易に解説した全面的改訂新版。〔内容〕半導体中の電気伝導／pn接合ダイオード／金属―半導体接触／バイポーラトランジスタ／電界効果トランジスタ

前阪大 浜口智尋・阪大 谷口研二著

半導体デバイスの基礎

22155-8 C3055　　　　　　A 5 判 224頁 本体3600円

集積回路の微細化，次世代メモリ素子等，半導体の状況変化に対応させてていねいに解説。〔内容〕半導体物理への入門／電気伝導／pn接合型デバイス／界面の物理と電界効果トランジスタ／光電効果デバイス／量子井戸デバイスなど／付録

前長崎大 小山 純・福岡大 伊藤良三・九工大 花本剛士・九工大 山田洋明著

最新 パワーエレクトロニクス入門

22039-1 C3054　　　　　　A 5 判 152頁 本体2800円

PWM制御技術をわかりやすく説明し，その技術の応用について解説した。口絵に最新のパワーエレクトロニクス技術を活用した装置を掲載し，当社のホームページから演習問題の詳解と，シミュレーションプログラムをダウンロードできる。

上記価格（税別）は 2015 年 1 月現在